草　捆

装　车

运　输

储　存

苜蓿锈病

苜蓿白粉病

苜蓿褐斑病

蓟马（左）为害后的苜蓿叶片（右）

聚集在苜蓿茎叶上的蚜虫

盲蝽（左）为害后的苜蓿叶片（右）

高寒区品种—阿尔冈金
杂花苜蓿

干旱区品种—甘农 4 号
紫花苜蓿

湿热区品种—三得利
紫花苜蓿

苜蓿栽培与加工利用

南丽丽　师尚礼　编著

金盾出版社

内 容 提 要

本书介绍了紫花苜蓿在农牧业中的地位与用途、形态与生长特性、品种特性，各生态气候区苜蓿的栽培和利用技术，苜蓿收获、加工、贮存和运输及苜蓿间作混作轮作技术等。以科学实用、通俗易懂为基本定位，主要面向种草户、养殖户、基层草业技术推广工作者，也可供农业院校相关专业师生阅读和参考。

图书在版编目(CIP)数据

苜蓿栽培与加工利用/南丽丽，师尚礼编著．—北京 ：金盾出版社，2015.3(2018.1 重印)

ISBN 978-7-5082-9951-8

Ⅰ.①苜… Ⅱ.①南…②师… Ⅲ.①紫花苜蓿—栽培技术②紫花苜蓿—综合利用 Ⅳ.①S551

中国版本图书馆 CIP 数据核字(2015)第 011421 号

金盾出版社出版、总发行

北京市太平路 5 号(地铁万寿路站往南)

邮政编码：100036 电话：68214039 83219215

传真：68276683 网址：www.jdcbs.cn

北京军迪印刷有限责任公司印刷、装订

各地新华书店经销

开本：850×1168 1/32 印张：6.25 彩页：4 字数：142 千字

2018 年 1 月第 1 版第 2 次印刷

印数：4 001～7 000 册 定价：18.00 元

前　言

紫花苜蓿是当今世界上栽培面积最大的牧草，具有抗寒耐旱、耐盐碱、适应广泛、根系发达和再生性好等特点，堪称“牧草之王”，其蛋白质、赖氨酸、色氨酸等含量高，含有叶黄素和维生素 C、维生素 K、维生素 E、维生素 B 和钙、磷等微量元素及其他生物活性物质，营养成分全面均衡，是畜牧业高效、健康、可持续发展的首选草种，也是我国当前生态建设工程中应用最为广泛的草种。许多畜牧业发达国家，特别重视苜蓿草产品的开发，并将苜蓿培育发展成一个大行业、大产业，在促进草畜平衡，保护天然草地资源中扮演着重要角色。虽然有关苜蓿生产应用技术方面的书籍很多，但现有书籍普遍存在技术笼统、应用区域不清等特点。基于此，我们编写了本书。

本书共六章，第一章系统介绍苜蓿的植物学特征、生物学特性、生产能力、利用价值等；第二章介绍苜蓿的品种特性及适宜种植区域；第三章阐述苜蓿草地建植的技术和管理问题；第四章阐述苜蓿草产品的加工和利用技术；第五章阐述苜蓿在高寒区、干旱区、湿热区的栽培和利用技术；第六章详细介绍苜蓿混作轮作间作技术。本书尽量摒弃繁缛的学术或专业术语，用通俗易懂的语言进行介绍，相信对行业内从事苜蓿生产的单位和技术人员能提供有益的参考和指导。虽然我们做出了不懈的努力，但限于水平，疏漏和错误之处在所难免，敬请不吝指正。

编著者

目　录

第一章　概　述

第一节　苜蓿的形态特征

我国拥有丰富的苜蓿(*Medicago*)遗传资源,有 12 个种,3 个变种,6 个变型,其中 12 个种分别为紫花苜蓿(*Medicago. sativa* L.)、花苜蓿[*M. ruthenica* (L.) Ledeb.]、毛荚苜蓿(*M. pubescens* Sirj.)、矩镰荚苜蓿(*M. archiducis-nicolal* Sirjaev.)、阔荚苜蓿[*M. platycarpos* (L.) Trautv.]、辽西苜蓿(*M. vassilczenkoi* Worosh.)、黄花苜蓿(*M. falcata* L.)、多变苜蓿(*M. varia* Martyn.)、金花菜(*M. polymorpha* L.)、小苜蓿[*M. minima* (L.) Grnfb]、天蓝苜蓿(*M. lupulina* L.)和蜗牛苜蓿[*M. orbicularis* (L.) Bart.]。

紫花苜蓿又称紫苜蓿、苜蓿,为豆科苜蓿属多年生植物,起源于小亚细亚、外高加索、伊朗和土库曼高地。通常生产中所称的“苜蓿”泛指苜蓿属的主要栽培种,即紫花苜蓿、杂花苜蓿和黄花苜蓿。杂花苜蓿是由紫花苜蓿与黄花苜蓿杂交而成,形态上与紫花苜蓿接近。紫花苜蓿是当今世界上栽培面积最大的牧草,具有抗寒耐旱、耐盐碱、抗逆性强、适应广泛、根系发达和再生性强等特点,堪称“牧草之王”,也是我国当前生态建设工程中应用最为广泛的草种。

一、根

苜蓿根系发达,由主根和侧根组成。主根又称轴根,由胚根发育而成,是整个根系在土壤中分布的轴心;侧根是主根产生的分枝。紫花苜蓿可与黄花苜蓿进行天然杂交，由于异花授粉和互交可孕而带来了大量的遗传变异，受基因来源及生态环境的影响，苜蓿的根系类型可划分为直根型、侧根型、根蘖型和根茎型4类。直根型苜蓿基因资源主要来自于紫花苜蓿，侧根型、根蘖型和根茎型苜蓿都不同程度地具有野生黄花苜蓿的基因。

苜蓿根与茎的联结部肥厚膨大的部分称为根颈(图1-1)，4类根型苜蓿根系差异首先表现于根颈：①轴根型，又称直根型，大多数紫花苜蓿属于这一类型，即有明显的主根，根颈相对较窄而突出，株丛直立。该类型品种适宜于刈割利用。②侧根型，大多数杂花苜蓿为该类型，即没有明显的主根，而有大量水平侧根，根系伸展较广，株丛直立—半直立。该类型品种可刈牧兼用。③根蘖型，具有较多的水平根，其上能生出很多不定芽，萌发形成新的植株，具有较强的伸展习性，单株覆盖面积比非根蘖型苜蓿大许多倍。该类型品种较非根蘖型苜蓿耐寒、耐旱、耐牧，适宜于放牧利用(图1-2)。④根茎型，根颈距地表相对较低，并从其主根的中轴发育出类似根状的茎，萌发出营养枝。既可用于放牧型苜蓿草地的建植，又可作为刈割草地用苜蓿草种，并因其特有的根茎型根系和极强的扩展性，更适宜于水土保持、防风固沙和护坡固土(图1-3)。

图1-1 苜蓿根及根颈

图 1-2　根蘖株主丛和根蘖丛之间的水平根

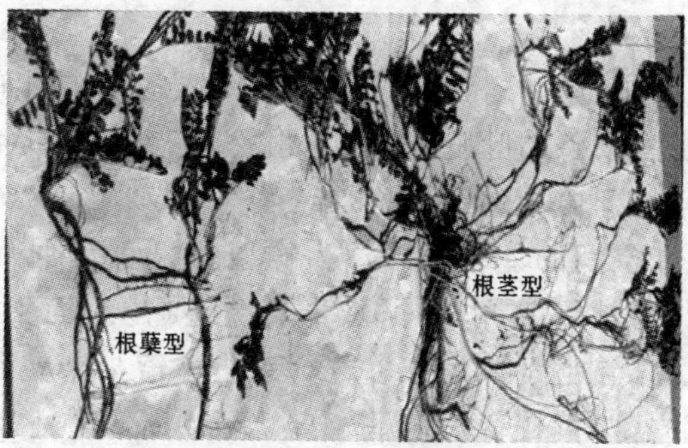

图 1-3　根蘖型(左)与根茎型(右)苜蓿

苜蓿根颈是苜蓿吸收、运输养分和水分的重要器官，同时也是产生枝条的重要部位，直接影响苜蓿生产性能和可持续利用，如再生性、耐寒性、抗旱性和抗病害等都与其密切相关。苜蓿根颈是冬季植物体的最上部休眠器官，为冷冻害的最敏感部位，对苜蓿越冬和春季返青时的萌芽发枝至关重要。

苜蓿根系上着生大量根瘤。根瘤由苜蓿根瘤菌侵入根形成，具有共生固氮作用，能固定空气中的氮素。苜蓿根瘤为卵圆形、近圆形或扇形瘤状，直径2～4毫米，呈粉红色，主要着生在二、三级侧根上。2年以上主根少见根瘤。根瘤数量多、根瘤菌活性强时能从空气中固定更多的氮，有利于植株的生长发育，并能增加土壤肥力。

二、茎

苜蓿茎秆光滑或稍有毛，绝对高度60～150厘米，草层高度60～80厘米，具棱，略呈方形，较柔软，分枝数25～40个。苜蓿茎秆越高，干草产量越高，叶片占全株的比重较小。

茎由节和节间组成。主茎的节数为17～29个，一般为20个左右。茎节的多少与品种的生育期紧密相关，节数少的一般为早熟品种。

苜蓿茎有主茎和分枝之分。从根颈部位直接抽出的茎枝为主茎；分枝从主茎枝条的叶腋间抽出，可多达三级以上。苜蓿分枝能力因品种、栽培环境、栽培年限而异。

苜蓿茎在空间的分布形式称为株型。株型因种和品种而异，分为直立型(与地面夹角≥60°)、半直立型(与地面夹角呈30°～60°)和匍匐型(与地面夹角＜30°)。紫花苜蓿与杂花苜蓿多为直立型和半直立型，黄花苜蓿多呈半直立型或匍匐型(图1-4)。

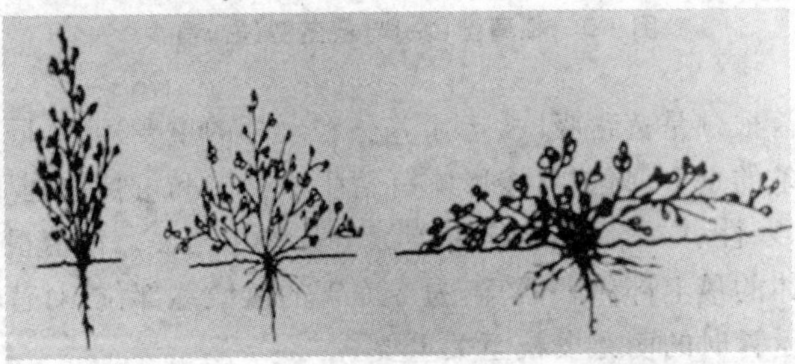

图1-4 苜蓿株型:直立型(左)、半直立型(中)、匍匐型(右)

三、叶

苜蓿叶为三出复叶，小叶长圆状倒卵形，先端钝，具小尖刺，基部楔形，叶缘上部1/3处有锯齿，托叶狭披针形。一些人工培育的品种小叶数超过3枚（图1-5），称为多叶苜蓿。多叶复叶（超过3枚叶片）常出现在主茎的第六、第七节以上。在现蕾初期多叶数量达最高峰，叶片也最大。

图1-5 苜蓿复叶(3～7片叶)

苜蓿叶片大小变化较大。因品种、栽培条件、植株上的位置和生育时期的不同而有很大差异。有的品种叶片比一般品种叶片大1/4～1/3。苜蓿叶片形状与大小还可以反映其抗旱性的强弱，通常而言，叶面积小、叶片狭长的苜蓿品种更耐旱。

苜蓿叶片比茎更易消化，且具有较高的营养价值。苜蓿叶中粗蛋白质含量是茎的2～3倍。从苜蓿营养期到开花后期，叶片营养价值的下降比茎慢得多。栽培条件较好时，宜选用叶量大的品种。

四、花

苜蓿为短总状花序，腋生，常有花20～30朵。花冠蝶形，由旗瓣、翼瓣、龙骨瓣组成（图1-6）。苜蓿花色变化较大：紫花苜蓿花色浅紫或深紫；杂花苜蓿花色以紫色为主，间有蓝绿、黄绿、白色、黄色等杂色；黄花苜蓿花色较纯，一般为黄色或淡黄色。

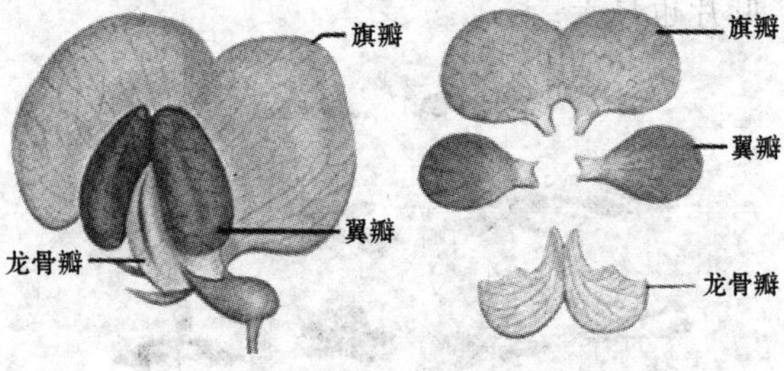

图1-6 蝶形花

五、荚 果

苜蓿荚果是由胚珠受精后子房发育而成，为螺旋形，一般2～4回，成熟时呈黑褐色。荚果中的种子粒数与品种和栽培条件有直接关系。位于不同植株部位和花序部位的荚果，其所含种子数量也不同。苜蓿子房中一般有6～12个胚珠，可以发育成种子。在水分充足、气候条件适宜时，荚果饱满，每荚果所含种子粒数较多。较早开花的荚果比后期开花的荚果中种子粒数多。不同品种花序和果穗长度不一样，一般长度为2～4厘米，长的可达20厘米。据此，通过选择，可选育种子高产的长穗苜蓿类型。

六、种 子

苜蓿种子为肾形（图1-7），黄褐色，有光泽，千粒重1.4～3.1

克。苜蓿种子由种皮、子叶和胚组成。种皮由胚珠发育而成，对种子有保护作用；在种皮的内侧中间部位有种脐，是种子成熟时与荚果脱离后遗留的痕迹。苜蓿种子的胚由胚根、胚芽、胚轴和子叶组成。胚根发育成主根，胚将形成地上部分的茎叶；胚轴是连接胚芽和胚根的短轴；子叶贮藏的营养物质供种子萌发和幼苗生长初期的需要。

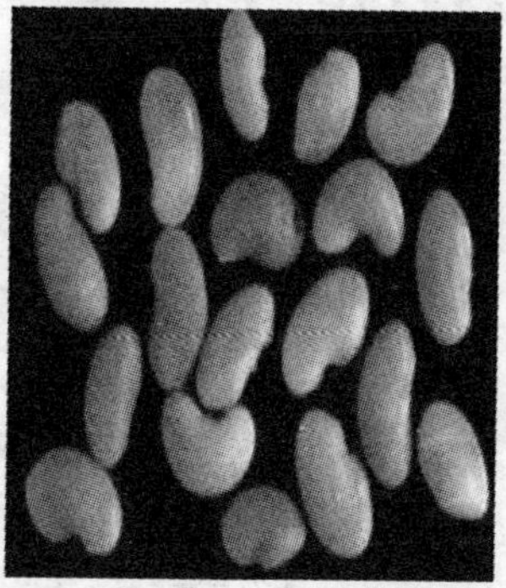

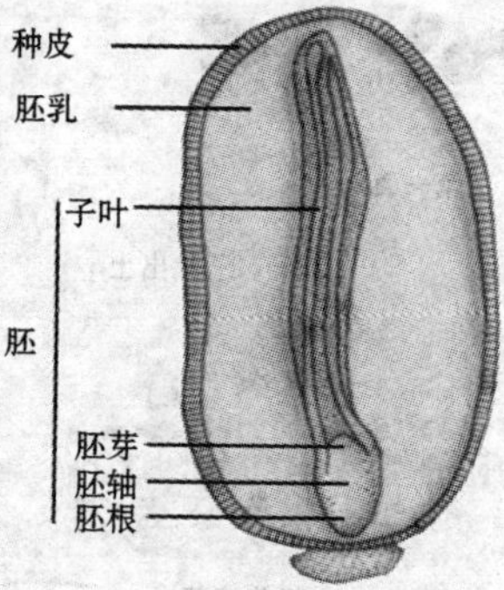

图 1-7　苜蓿种子(左)与种子构造(右)

第二节　苜蓿的生长特性

苜蓿生长发育主要包括种子萌发和出苗、营养生长、生殖生长和再生生长几个重要阶段。

一、种子的萌发和出苗

苜蓿种子萌发的最适环境温度为20℃；5℃～10℃也可萌发，但速度明显减慢；高于35℃萌发受到抑制。苜蓿种子萌发时需先吸水膨胀，吸水量为种子干重的85%～95%。种子萌发的适宜土壤含水量为田间持水量的60%～80%。种子萌发的适宜环境氧气含量为10%以上，低于5%不能萌发。土壤含盐量超过0.2%时，种子萌发和出苗均受到抑制。环境条件适宜时，播种后4～7天出苗，否则可能需要2～3周或更长时间。子叶先顶出地面，然后长出第一片真叶，为单叶(图1-8)。苜蓿幼苗地上部分生长较缓慢，地下根系发育较快。出苗后1个月，苜蓿复叶增多，生长加快。由于苜蓿种子小，所含的营养物质少，苗期生长对环境要求较高。

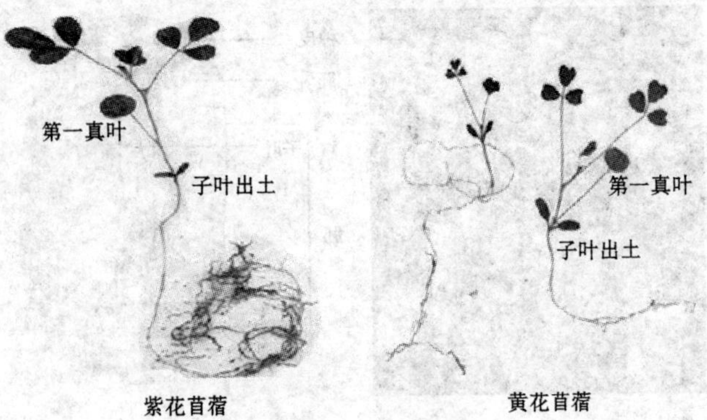

图1-8 苜蓿幼苗

二、营养生长

苜蓿出苗后(或返青后)到现蕾期之间为分枝期，属于营养生长。此时生长发育的最适气温为15℃～25℃；高于30℃生长变缓或出现休眠，高于35℃常发生死亡；低于5℃地上部生长停滞，低于-2.2℃地上部死亡。土壤含水量以田间持水量的60%～80%为宜，高于100%(即处于淹水状态)持续1周以上将导致烂根。酸、碱、盐等障碍因子不利于根系生长。土壤pH值在7～8时最佳，低于6时根瘤难以生成，低于5或高于9时根系生长受到强烈抑制。土壤含盐量不宜超过0.3%。土层过薄或地下水位过高都将限制根系下扎。这段时间生长旺盛，具体表现为叶片增大增多、节间伸长、枝条增多，植株增高，主茎不断形成分枝，分枝上再产生二级、三级分枝，逐渐形成繁茂的株丛。营养生长期苜蓿叶量占茎叶总重的50%～60%。

三、生殖生长

苜蓿分枝后期由叶腋内的花芽形成花序、花蕾直至种子成熟为生殖生长阶段。在适宜的环境条件下，分枝期持续约3周进入现蕾期。现蕾时植株生长最快。苜蓿现蕾期持续约3周进入初花期。从初花经盛花至末花，群体花期持续1～1.5个月。小花开放2～5天，雌蕊授粉后约5天形成荚果。结荚后3～4周种子成熟。春播当年苜蓿生育期（从出苗到种子成熟）110～150天；第二年及以后各年生育期（从返青到种子成熟）95～135天，需要＞5℃的积温2 000℃～2 800℃。从出苗（或返青）经分枝、开花至结荚，地上生物量逐渐升高，结荚期达到高峰，而后下降；但蛋白质含量、干物质消化率和饲用价值逐渐降低。

四、再生生长

苜蓿茎叶被刈割或采食后，从茎节或根颈处长出新的枝条，称为再生。苜蓿的再生性主要包括再生速度、再生次数和再生草产量等方面。刈割次数影响再生速度，头茬草生长较快，随着刈割次数的增加，再生草的生长速度降低。不同茬次草产量不同，头茬草产量最高，末茬草产量最低。在适宜的栽培管理条件下，初花期刈割，东北、西北和华北地区每年可刈割2～5茬，淮河流域每年可刈割5～7茬。如齐齐哈尔每年可刈割2～3茬，河套平原3茬，银川平原3～4茬，北京平原地区、河北沧州地区和山东黄河三角洲地区4～5茬。第一茬和最后一茬所需生长期较长，为7～9周；中间各茬所需生长期较短，为4～6周。

入冬前，根冠部位形成的再生芽进入休眠状态，度过寒冷的冬季，春天气温升至 2℃～5℃时开始萌动，逐步发育为枝条，进入返青期。越冬期间根冠及休眠芽可耐－10℃，甚至－30℃的严寒，因品种而异；若有积雪覆盖，在极端气温低于－40℃的酷寒地区也可安全越冬。萌动至返青期苜蓿抗寒性下降，如遇－8℃以下的倒春寒，则将造成冻害。

第三节　苜蓿的生产能力

近年来，我国苜蓿产业处于迅猛发展之中，从种植面积、产量、质量等方面均有较大幅度提高。苜蓿的产量是衡量其生产性能和经济性能的重要指标。苜蓿的产量随栽培年限的增加而有所不同。一般在无保护作物的情况下，它的最高产量是在第二年和第三年，第四年到第五年以后产量逐渐下降；在有保护作物时，它的产量最高在第三年。在我国西北地区，如果生长季节雨水充足或有良好的灌溉条件时，一般年份可收获干草 3～4 次，鲜草产量 45～60 吨/公顷，高者可达 75 吨/公顷。如果按 1 年刈割 4 次计，青草产量以第一次刈割为最高，占全年产草量的 50％左右，第二次占 20％～25％，第三次和第四次各占 15％左右。

苜蓿的产量和营养物质的积累与苜蓿形态发育密切相关。以下指标影响着苜蓿的生产性能。

一、叶茎比

叶质量与茎质量的比值简称叶茎比，是衡量牧草经济性状的重要指标，并能较好反映牧草适口性及青干草品质。叶茎比的大小决定着苜蓿营养价值的高低，比值越大，粗蛋白质含量越高，粗纤维含量越低，营养价值越高（表 1-1）。叶茎比受环境条件、灌水、施肥等因素的影响。苜蓿叶茎比在不同生育阶段会发生变化，叶茎比随苜蓿的成熟而下降。因此，苜蓿早期利用叶茎比较高，饲用价值也高。叶茎比随刈割次数的增加而增大，适当的刈割周期可刺激叶片更新，增加功能叶片比例，提高草层中的叶量，改善适口性。

表 1-1　紫花苜蓿不同茎叶比植株中的蛋白质含量　（克）

叶茎比	茎　秆	叶　片
1.23	215	265
1.46	174	254
1.72	140	241
1.70	118	201
1.89	100	189
3.65	48	175

二、株　高

植株高度是描述牧草生长状况，反映其产量高低较为理想的一个特征量，其生长过程呈S形曲线，这种特性是由牧草的生物学特性决定的，是牧草平均经济产量的形成规律。植株高度既是衡量其生长发育状况的重要标准，也是反映草地生产能力的生产指标。株高与产量呈正相关，高植株通常有更高的相对产量潜力，牧草高度与光合产量（干物质）呈强正相关（r＝0.7～0.9）。也有资料显示，苜蓿产量和苜蓿的分枝数、节数、节间、叶面积指数等有相关性。

三、生长速度

生长速度在一定程度上反映出牧草生长能力的强弱，决定着某一种牧草的生物产量和利用方式。品种间由于各自的遗传特性和生长发育阶段的差异以及对环境的反应不同，表现出植株生长速度的差异。生长速度快的牧草耐牧，耐刈割，产草量和利用率高，且生长快可以减少杂草的入侵。有研究表明，不同苜蓿品种头茬草的生长速度都遵循同一规律，即分枝前期生长速度缓慢，分枝期到现蕾期明显加快，现蕾后进入生殖阶段，生长速度又减慢，开花以后由于未形成荚果，生殖生长又向营养生长转变，生长速度又略微加快，生长高峰在分枝至现蕾期。在开花期前，苜蓿的生长速度和生长强度在变化趋势上基本一致，而在开花期以后稍有不同。苜蓿在分枝期前株高生长缓慢，进入分枝期后生长速度急剧增加，到开花期生长速度几乎为零，株高达到最大值。

四、再生性能

牧草被家畜采食或刈割后，重新产生枝条的现象称为再生性。牧草再生性强弱是牧草生活力的一种表现，也是衡量其经济特性的一项重要指标。植株的再生性强弱直接影响草产量、质量和生存年限。牧草再生性一般以再生速度、再生次数和再生草产量 3 个指标来表示。各种牧草刈割后的再生能力受刈割后贮藏的碳水化合物的影响较大。有资料显示，苜蓿再生性能是可遗传的且具有良好的持久性；频繁的刈割对植株碳水化合物的贮藏有负面影响；年内多次刈割会大大消耗养分，影响到牧草生长后期养分积累，其结果必然影响到牧草冬季生存及翌年再生甚至死亡；当牧草贮藏的碳水化合物含量降低到植物体干重 1% 以下时，就不能恢复生长而死亡。据报道，第一次刈割后不同苜蓿品种的再生高度相差较小，但刈割第三茬以后不同品种间的再生能力表现出较大的差异，且多次刈割并不能提高苜蓿的植株高度和产量，且在接近成熟期刈割苜蓿时，通常有利于碳水化合物的积累，在碳水化合物贮藏水平较低进行刈割对植物是不利的。

五、光合能力

光合作用是形成植物生产力的根本源泉,它几乎贯穿在整个生命活动中,如植物生长发育、组织分化、器官形成、开花结实、衰老和抗性等方面。光合产物是作物产量的主要组成,在决定作物生产力方面起着重要作用。光合能力与牧草产量密切相关,因此提高干物质产量的一个有效方法是选择光合能力强的品种。据报道,苜蓿依靠个体叶片光合速率将太阳能转化为干物质,整株光合作用与产量高度相关,因此繁育计划中提高光合速率是一种有希望增加产量的方法。不同品种光合速率明显不同,高产品种具有较高叶比重和净光合速率。

第四节　苜蓿的利用价值

一、饲用价值

紫花苜蓿是牛、羊、鹿、猪、兔、禽等动物的优质饲料,有良好的适口性和较高的营养价值。苜蓿中含有大量的蛋白质、丰富的碳水化合物和多种矿物质以及维生素等营养成分。

(一)粗蛋白质

苜蓿以粗蛋白质含量高而著称,通常为15%～22%,主要分布于叶中,其中30%～50%的蛋白质存在于叶绿体中。不同生育时期对苜蓿粗蛋白质含量有显著影响,从营养期、孕蕾期、开花初期到开花盛期,粗蛋白质含量逐渐下降(表1-2)。其中,孕蕾期苜蓿的粗蛋白质含量是玉米的2.74倍,其叶的粗蛋白质含量是玉米的4.3倍。

苜蓿不仅蛋白质含量高,而且氨基酸组成也比较合理。苜蓿蛋白质中含有20种以上的氨基酸，包括人和动物全部必需氨基酸和一些稀有氨基酸，如瓜氨酸、刀豆氨酸等，其中所含的10种必需氨基酸含量占粗蛋白质含量的41.2％，与优质动物性蛋白质饲料鱼粉(45.3％)接近。苜蓿纯蛋白质中的氨基酸组成与鸡蛋较为相似，除蛋氨酸外，其他氨基酸与鸡蛋中的含量基本一致。在肉仔鸡日粮中用苜蓿蛋白质替代豆粕和棉粕蛋白质10％以下时，苜蓿蛋白质对肉仔鸡生长和采食量没有不良影响；苜蓿蛋白质替代仔猪日粮中的棉粕和菜粕蛋白质时，对仔猪生长有显著改善作用。

(二)碳水化合物

碳水化合物是反刍动物能量的主要来源。按其存在形式可分为结构性碳水化合物和非结构性碳水化合物两种，前者主要由纤维素、半纤维素、木质素组成，主要用于植物体的形态建成；后者主要包括单糖、淀粉、有机酸和其他贮存性碳水化合物，如果糖、蔗糖等，是参与植株生命代谢的重要物质。苜蓿干草的非结构性碳水化合物含量为12.5％(干物质基础)，与禾本科干草(13.6％)接近，高于青贮苜蓿(7.5％)，其原因是苜蓿的一部分碳水化合物在青贮过程中被微生物发酵损失掉了。中性洗涤纤维是区分植物结构性和非结构性碳水化合物最好的指标。苜蓿干草的中性洗涤纤维含量一般随成熟期的延长而逐渐增加。初花期刈割的优质苜蓿干草的中性洗涤纤维含量为45.5％(干物质基础)，低于稻草(63.9％)和全株玉米秸秆(84.3％)。此外，苜蓿的干物质、有机物、酸性洗涤纤维和中性洗涤纤维的含量随生育时期的延长，其含量逐渐提高，并不受品种的影响(表1-2)。苜蓿碳水化合物不仅能为反刍动物和一些单胃动物提供能量需要，而且给动物饲喂一定量的苜蓿纤维，可以促进动物的胃肠道发育，降低肠道pH值，提高动物消化酶活性。

表 1-2　不同品种和不同生育时期苜蓿的养分含量　(%)

品　种	生长阶段	干物质	粗蛋白质	中性洗涤纤维	酸性洗涤纤维	果　胶	灰　分	钙	磷
Super7	营养期	21.41	17.78	35.02	31.25	12.05	10.36	2.05	0.07
	现蕾期	23.19	16.05	38.31	32.57	9.95	9.87	2.27	0.10
	初花期	25.66	89.78	39.53	33.54	11.08	10.22	2.12	0.12
	盛花期	32.89	14.32	44.65	36.02	9.94	9.20	2.02	0.10
新疆大叶	营养期	18.11	19.12	39.21	33.16	11.64	11.87	1.75	0.08
	现蕾期	19.62	18.67	40.24	36.13	9.65	10.24	1.69	0.07
	初花期	21.82	15.17	42.63	38.48	10.00	10.16	1.71	0.13
	盛花期	28.98	14.64	48.44	39.98	8.49	8.76	1.58	0.13
陇东苜蓿	营养期	16.22	23.02	37.83	33.22	10.46	11.81	1.62	0.12
	现蕾期	19.29	18.08	41.31	35.27	9.20	10.50	1.61	0.12
	初花期	22.41	16.28	43.62	37.36	8.02	10.13	1.82	0.18
	盛花期	23.32	15.57	47.69	40.52	7.83	9.81	1.63	0.19

(三)维生素

苜蓿中富含维生素，特别是叶酸、维生素 K、维生素 E、胡萝卜素、维生素 C 及各种 B 族维生素，β-胡萝卜素、叶酸和生物素平均含量分别为 94.6 毫克/千克、4.36 毫克/千克和 0.54 毫克/千克，且是生物素利用率最高的原料之一。畜禽所具有的一些生物活性与苜蓿较高的维生素含量有着密切的关系。苜蓿及苜蓿提取物能够改善动物产品的色泽，与其中含量较高的类胡萝卜素有关，如在蛋鸡饲粮中添加苜蓿草粉能显著提高蛋黄色泽，在南美白对虾饲料中添加 6%苜蓿提取物在着色效果上优于合成色素——加丽素粉红(虾青素)。

(四)矿 物 质

苜蓿中含有丰富的钙、镁、钾。干苜蓿叶中含钙 1 380 微克/克、镁 2 020 微克/克、钾 20.1 毫克/克。高钙、高钾具有一定的强骨、降血压效果。镁具有提高免疫功能的作用,并参与核酸代谢,维持细胞膜稳定。苜蓿中微量元素以铁、锰含量较多。

(五)功能成分

苜蓿中的功能成分包括苜蓿多糖、皂苷及未知生长因子等。苜蓿多糖有显著的保健作用,尤其因具有免疫活性功能而倍受重视,其作用一是促进免疫器官的发育;二是增强疫苗的免疫效果。苜蓿皂苷可以促进胆固醇排泄,降低动物血清中的胆固醇含量,增加粪中胆固醇和胆酸的排泄量,降低脱氧胆酸和石胆酸的排泄量。苜蓿中含有的未知生长因子,有促进畜禽生长、提高日增重的作用。

(六)能 量

苜蓿每千克干物质总能为 17.7 兆焦,对肉牛和羊的消化能分别为 6～7 兆焦和 9～10 兆焦,奶牛产奶净能为 4～5 兆焦。

目前,广泛使用概略养分和范式洗涤纤维分析法评定牧草营养价值,以牧草的粗蛋白质、粗脂肪、酸性洗涤纤维、中性洗涤纤维、粗灰分、无氮浸出物、钙和磷为评价指标,其中粗蛋白质、粗脂肪、无氮浸出物、钙、磷含量越高,牧草品质越好。

二、生态价值

苜蓿的生态价值表现在以下方面。

第一,苜蓿为多年生牧草,枝叶繁茂,根系发达,可减少地表径流,增加对降雨的拦蓄截留,降低风速,遏制沙化,防止水土流失。

第二,能吸附空气中的灰尘并减少飞尘;能稀释、分散、吸收、固定大气中的有毒有害气体；减少环境的噪声污染，调节气温。

第三，具有固氮能力，每 667 米^2（亩，下同）苜蓿地 1 年可固定 18 千克氮素，相当于 55 千克硝酸铵。除了富含氮素外，磷、钾养分也比较高（表 1-3）。

第四，苜蓿生活期死亡的部分具有细小根系群，在土壤中分解，增加土壤有机质，使土壤结构改善为水、肥、气并存的高肥力的团粒结构，能提高后茬作物的产量和品质（表 1-4）。

第五，种植牧草后，土地一年四季都有植被覆盖，既能有效地涵养水源，又能充分利用生长前后期大量农作物不能利用的天然降水，提高水分利用率。同时，还可以增加生物资源，改善干旱荒漠的景象，使生态系统朝着良性循环方向发展，促进生物的多样性，提高生态系统的稳定性。

表 1-3　紫花苜蓿肥效成分　（%）

植物组织	氮	磷	钾
干　根	2.00	0.70	0.99
鲜　草	0.56	0.18	0.31
干　草	2.32	0.78	1.31

表 1-4　苜蓿茬对作物产量的影响

作　物	产量（千克/公顷）	对照（千克/公顷）	增产（%）
黍　子	1026.0	630.0	62.73
谷　子	2053.5	742.5	176.67
马铃薯	10770.0	3915.0	175.09
玉　米	2010.0	802.5	150.47
高　粱	1462.5	1290.0	13.47

三、食用价值

我国自古就有食用苜蓿的传统。《齐民要术》中称苜蓿“为羹甚香”，明代《救荒草本》中称苜蓿“苗叶嫩时，采取炸食，多食利大小肠”。将青嫩苜蓿速冻做成细粉，是理想的中老年保健、减肥食品；苜蓿含有异黄酮类物质，与其他豆类食品一样对老年性疾病，如高血压、高血脂等有调解和增强免疫力的作用，是疗效食品；近年还出现了用苜蓿嫩枝叶生产的火腿肠、罐头等产品。日本人仿照制茶叶技术，对苜蓿茎叶进行烘焙处理，制成苜蓿保健茶。苜蓿花是制造上等饮料和高档香烟的重要配料。用苜蓿花配制的饮料，具有降压解毒、提神健脾的特殊功效。苜蓿花中的微量元素可与烟草中的有害物质起化学反应，从而降低烟草对人体的损害。苜蓿草粉加工成胶囊、颗粒状或药片状，可供人类食用。近年来，以不同品种苜蓿为主要成分制成的胶囊不断出现。在美国，紫花苜蓿胶囊、红花苜蓿胶囊食品等倍受人们的青睐。

第二章　苜蓿品种及适应区域

第一节　品种概述

国外苜蓿种植国家有选择地培育苜蓿品种的工作始于 20 世纪初期，育种的主要目标是提高品种的抗寒性。1897—1909 年 Hanson 对欧亚大陆进行了苜蓿种质资源的收集和筛选，1909—1910 年美国以引种和地方品种的驯化工作为主，1921 年发现豌豆蚜危害苜蓿，1925 年暴发了苜蓿细菌性凋萎病，从此抗病育种得到加强。1940—1943 年相继培育出抗细菌性萎蔫病苜蓿品种 Ranger 和 Buffalo，1955 年育成了耐寒、耐旱、适应性强的苜蓿品种 Rambler，1966 年育成抗豌豆蚜的苜蓿品种 Washoe。20 世纪 80 年代，世界发达国家苜蓿育种的方向随生产的需要发生了转变，育种工作从针对某一抗性到多种抗性，从只注重产量转向产量与品质并重，1987 年美国育成固氮能力强、高抗镰孢菌枯萎病、疫霉根腐病、豌豆蚜和苜蓿斑点蚜的苜蓿新品种 Nitro。国外苜蓿改良研究主要集中在抗病性、体外培养再生性能、固氮、大叶、易弹花、提高自交亲和性、抗刈割等方面。近年来，在育种技术上有了新突破，把常规育种与组织培养、细胞融合、基因工程等技术相结合，育成更多具有优异性状的品种。据报道，目前已从 Delta 品种中筛选出了第一个抗三叶草核盘菌的苜蓿种质材料 MSR；美国孟山都公司已育成了抗 Roundup 除草剂的苜蓿新品种；加拿大育成了 20DRC 不育系；澳大利亚育成了转基因高含硫氨基酸苜蓿新品种。美国 1993—1994 年发布育成苜蓿新品种多达 221 个，可以满足全美国不同生态条件对苜蓿品种选择的要求。

我国牧草育种起步较晚，与发达国家相比，滞后约半个世纪。1949年以前只有少数学者进行过野生牧草调查、搜集、引种栽培试验。现代意义的牧草育种始于20世纪50年代，广泛开展于80年代，1986年全国牧草品种审定委员会正式成立，极大地促进了我国牧草新品种选育、地方品种整理、国外优良牧草的引进及野生牧草的栽培驯化工作。截止到2013年，全国牧草品种审定委员会已经审定登记的苜蓿品种共78个，其中地方品种19个，育成品种36个，国外引进品种18个，野生栽培驯化品种5个。

一、地方品种

我国苜蓿地方品种主要分布于新疆、内蒙古、甘肃、陕西、山西、河北、山东、黑龙江、江苏和云南等地区，对当地的自然和栽培条件以及耕作制度具有较强的适应能力，而且对当地的逆境环境及病虫害具有较强的抗性和耐性。在生产上发挥着重要作用。

（一）沧州紫花苜蓿

属中熟品种。耐旱、耐干热风能力强，稍耐盐碱。刈割后再生迅速，产量较高。干草产量15 500～16 850千克/公顷。适宜山东东营、滨州等地种植。

（二）新疆大叶紫花苜蓿

秋眠级4～5。刈割后再生迅速，晚熟，叶片大，抗寒性和抗旱性较好。干草产量9 000～10 500千克/公顷。特点是易感染苜蓿霜霉病。适宜在新疆南疆、甘肃河西走廊和宁夏引黄灌区种植。

（三）陇东紫花苜蓿

旱作高产品种。耐旱性强，抗寒性中等，苗期生长缓慢，刈割再生能力不强。在陇东地区旱作鲜草产量30 000～45 000千克/

公顷。最适宜栽培区域为黄土高原。

(四)肇东紫花苜蓿

抗寒性强。在无雪或少雪的半干旱区 －33℃ 低温下可安全越冬，在有雪覆盖的大、小兴安岭温度达 －45℃ 仍能安全越冬。在黑龙江肇东地区旱作干草产量 7 000～11 000 千克/公顷。适宜于北方寒冷地区种植。

(五)敖汉紫花苜蓿

秋眠级 1。耐旱、耐寒、抗风沙、耐贫瘠，适应性广。在敖汉地区旱作干草产量 5 000～8 000 千克/公顷，水浇地可达 15 000 千克/公顷。适宜于北方干旱、寒冷地区种植。

二、育成品种

(一)特　点

我国苜蓿育成品种的特点是：①有较强的地域性和适应性。其大部分是以当地多年栽培的地方材料、驯化的野生材料为亲本经过选择育种或杂交育种选育而成，对当地环境具有较强的适应能力。②以常规育种方法为主，育种时间普遍较长。③品种名称全国统一。不管是品种登记单位，还是种子生产单位或种子使用单位，都使用全国统一的品种名称，没有“别名”。

(二)分　类

我国苜蓿育成品种按其育种目标可分为 6 类。

1. 高产品种　如甘农 3 号紫花苜蓿和甘农 4 号紫花苜蓿，具有良好的丰产性。

2. 抗病虫品种　如中兰 1 号紫花苜蓿，高抗霜霉病、中抗褐斑病和锈病，产草量比陇东紫花苜蓿提高 22.4%及以上；甘农 5 号紫花苜蓿，高抗蚜虫，其产量比金皇后提高 14.22%；甘农 9 号紫花苜蓿，耐蓟马品种；新牧 4 号紫花苜蓿，抗霜霉病、褐斑病能力优于新疆大叶紫花苜蓿。

3. 抗寒品种 如扁蓿豆与紫花苜蓿杂交获得的龙牧 801、龙牧 803、龙牧 806、龙牧 808，草原 1 号杂花苜蓿、草原 2 号杂花苜蓿和草原 3 号杂花苜蓿，图牧 1 号、图牧 2 号，新牧 1 号杂花苜蓿和新牧 3 号杂花苜蓿，公农 1 号紫花苜蓿、公农 2 号紫花苜蓿及赤草 1 号等，大部分能在我国北方高纬度、高海拔地区种植。

4. 耐盐品种 如中苜 1 号紫花苜蓿和中苜 3 号紫花苜蓿，在含盐量 0.3%的盐碱地上比一般栽培品种增收 10%以上。

5. 耐牧型品种 为根蘖型或根茎型苜蓿，如甘农 2 号杂花苜蓿。中苜 2 号紫花苜蓿和公农 3 号杂花苜蓿，其根系强大，扩展性强，适宜于水土保持、防风固沙、固土护坡。

6. 早熟品种 如新牧 2 号，比新疆大叶早熟 3～5 天，并具有再生快的特性。

(三)常用品种

1. 中苜 1 号紫花苜蓿 耐盐、抗旱、高产，1 年刈割 4～5 次，在土壤含盐量为 0.25%～0.45%的盐碱地上，其干草产量比保定苜蓿提高 11.1%～14.4%，干草产量 7 500～13 500 千克/公顷。适宜在黄淮海平原、渤海湾附近和西北地区的轻、中度盐碱地种植。

2. 中苜 2 号紫花苜蓿 耐湿重和高地下水位，耐寒、抗病虫能力强。长势好，刈割后再生性好，每年可刈割 4 次。干草产量 14 000～16 000 千克/公顷。适宜于黄淮海平原非盐碱区域种植。

3. 中苜 3 号紫花苜蓿 具有侧根发达、生长迅速、分枝多、高产和早熟、耐盐、持久性好等特点。1 年可以刈割 4～5 次。在河北、山东旱作条件下含盐量 0.3%的盐碱地上比中苜 1 号增产

10%以上，干草产量15 000千克/公顷。适于黄淮海平原渤海湾一带以氯化钠(NaCl)为主的盐碱地推广种植。

4. 公农1号紫花苜蓿 秋眠级2～3。再生性好，耐寒，病虫害少而且轻，适应性广，丰产。干草产量12 000～15 000千克/公顷。适宜种植区域为东北中、南部和华北平原。

5. 公农2号紫花苜蓿 耐寒，病虫害少，丰产。鲜草产量45 000～68 000千克/公顷。适宜于东北中、南部和华北平原种植。

6. 公农3号杂花苜蓿 抗寒。具根蘖性状，根蘖率30%～50%。优秀的混播放牧利用品种。适宜于北方北纬46°以南、年降水量350～550毫米地区种植。

7. 草原1号杂花苜蓿 秋眠级1。耐寒，在冬季极端低温达到－43℃的地区能安全越冬，越冬率在90%以上。耐旱，惧热。干草产量6 000～9 000千克/公顷。适宜于内蒙古中、东部种植。

8. 草原2号杂花苜蓿 耐寒，在冬季极端低温达－43℃的地区能安全越冬，越冬率在90%以上。较草原1号抗旱性强，耐风沙，惧热。干草产量6 000～9 000千克/公顷。适宜种植区域为内蒙古中、东部。

9. 草原3号杂花苜蓿 耐寒，耐旱。与草原2号相比，杂种优势更明显，干草产量12 000千克/公顷以上。适宜于北方寒冷干旱、半干旱地区种植。

10. 新牧1号杂花苜蓿 秋眠级3。再生速度快，抗寒性强，抗旱性、抗病性较好。部分植株有根茎，具根蘖性状。适宜种植区域为新疆、甘肃河西走廊和宁夏引黄灌区。

11. 新牧2号紫花苜蓿 具再生快、早熟、高产、耐寒、抗旱、耐盐、大叶特性。比新疆大叶早熟3～5天，增产12.9%，干草产量9 000～15 000千克/公顷。适宜于新疆、甘肃河西走廊和宁夏引黄灌区种植。

12. 新牧3号杂花苜蓿 抗寒，在阿勒泰有雪覆盖区域极端气温−43℃条件下能安全越冬。耐盐，抗旱，抗病。干草产量约14 000千克/公顷。适宜种植区域为新疆、甘肃河西走廊和宁夏引黄灌区。

13. 甘农1号杂花苜蓿　抗寒，抗旱。株型以半匍匐型为主，花以浅紫色和杂色花为主，荚果多为松散螺旋形和镰刀形。在寒冷地区产草量高，适宜在黄土高原北部、西部，青藏高原边缘地区海拔2 700米以下、年平均气温2℃以上地区种植。

14. 甘农2号杂花苜蓿　具有根蘖性状的放牧型苜蓿品种，抗寒性强。适宜在黄土高原水土流失地区、西北荒漠沙质土壤地区和青藏高原北部边缘地带栽培。因其根系强大、扩展性强，更适宜于水土保持，防风固沙，护坡固土。可作为混播放牧，刈牧兼用品种。

15. 甘农3号紫花苜蓿　株型紧凑直立，茎枝多，高度整齐，叶色浓绿，长势健旺，生长速度快，在灌溉条件下产草量高，为灌区丰产品种，干草产量12 000～15 000千克/公顷。适宜在西北内陆灌溉农业区和黄土高原地区种植。

16. 甘农4号紫花苜蓿　典型性状和主要特点是节间长，春季返青早，生长速度较快，草层较整齐。适宜灌区高产栽培，为灌区丰产品种。干草产量约15 000千克/公顷。与甘农3号相比，生态适应性更强一些。适宜在西北内陆灌溉农业区和黄土高原地区种植。

17. 甘农5号紫花苜蓿　该品种株型紧凑直立，茎枝多，高度整齐，春季返青后初期生长快。根系发达，主根明显，入土深，根茎分枝能力强，花期较早，成熟期早，具有高抗蚜虫的特性。抗蚜机制主要为抗生性。适宜于北纬33°～36°的西北地区种植，产草量16 000～27 000千克/公顷。该品种的育成为我国苜蓿抗虫育种提供了具有重要价值的抗虫种质资源。

18. 甘农6号紫花苜蓿　花序(果穗)长，一般在8厘米以上

(普通苜蓿品种一般在2～4厘米),小花数多,种子产量高。由于花序长和节间长有强相关关系,花序长,节间距也长,生长速度快,植株高,鲜草和干草产量也高。由于节间长,叶片数相对较少,叶茎比稍低,营养成分如蛋白质含量比国外品种德福相比稍低,与甘农1号杂花苜蓿相当。适宜于西北内陆灌溉农业区和黄土高原地区种植。

19. 甘农9号紫花苜蓿 抗蓟马。叶片深绿、叶量大、茎秆紫红,产量性状优良,适宜在甘肃省湿热地区种植。

20. 龙牧801紫花苜蓿 抗寒,冬季少雪－35℃和冬季有雪－45℃以下能安全越冬。耐盐碱,pH值8.4的盐碱地生长良好。再生性好,对蓟马有一定抗性,对土壤要求不严格。干草产量7 000～9 000千克/公顷。适宜于小兴安岭寒冷湿润区和松嫩平原温和半干旱区种植。

21. 龙牧803紫花苜蓿 抗寒,冬季少雪－35℃和冬季有雪－45℃以下能安全越冬。丰产性状好,在松嫩平原温和湿润区2年生干草产量约15 270千克/公顷。再生性好,对蓟马有一定抗性,对土壤要求不严格。适宜种植区域为小兴安岭寒冷湿润区、松嫩平原温和半干旱区和牡丹江半山间温凉湿润区。

22. 龙牧806紫花苜蓿 抗寒,在黑龙江省北部寒冷区和西部半干旱区－45℃以下越冬率可达92%～100%。较耐盐碱,在pH值8.2的碱性土壤上生长良好。干草产量7 500～11 218.5千克/公顷。适宜于东北寒冷气候区、半干旱区及盐碱土区种植,也可在西北和华北北部种植。

23. 中兰1号紫花苜蓿 丰产。叶片大。高抗霜霉病,中抗褐斑病和锈病,轻感白粉病。再生能力强,生长迅速。干草产量可达25 000千克/公顷。适宜于年降水量400毫米左右、年平均气温6℃～7℃、海拔990～2 300米的黄土高原半干旱地区种植。

三、引进品种

引进品种是指从国外引进的品种和类型，不仅可以直接为生产利用，而且还能拓宽苜蓿种质资源，为培育新品种提供条件，具有十分重要的作用。目前，在我国适宜推广的引进品种有格林、萨兰斯、猎人河、三得利、德宝、WL323ML 紫花苜蓿，润布勒、阿尔冈金杂花苜蓿等。

（一）WL323ML 紫花苜蓿

抗寒，春季返青早，秋眠级为 4.1，生长快，再生性和持续性好。丰产，高抗多种病虫害，对疫霉病和根腐病抗性尤高。干草产量 18 000～20 000 千克/公顷。适宜种植区域为华北中、南部和西北相对温暖区。

（二）三得利紫花苜蓿

秋眠等级 5～6。丰产，再生性好，刈割后生长迅速，夏秋季生长旺盛，1 年可刈割 3～4 次，干草产量 12 500～17 000 千克/公顷。抗倒伏，抗线虫。适宜于华北大部分地区及西北、华中部分地区种植。

（三）阿尔冈金杂花苜蓿

较抗旱。茎秆较粗，抗倒伏。秋眠级为 2～3，耐寒越冬能力强，综合抗病性强，尤其高抗细菌性萎蔫病，对苜蓿主要虫害的抗性较强。耐土壤贫瘠，耐盐碱，适应性广，持久性好，利用年限长。干草产量约 17 000 千克/公顷。适宜于西北、华北、东北地区种植。

（四）游客紫花苜蓿

秋眠等级 8，具有耐热性好、抗病和抗虫能力强的特点，在我国南方可安全越夏，干草产量 15 000～22 500 千克/公顷。适宜长江中下游丘陵地区种植。

四、野生栽培驯化品种

我国苜蓿野生栽培驯化品种共 5 个，即阿勒泰杂花苜蓿、呼伦贝尔黄花苜蓿、清水紫花苜蓿、陇东天蓝苜蓿和德钦紫花苜蓿。其中，清水紫花苜蓿是我国的第一个根茎型苜蓿品种。该品种的育成将苜蓿饲用价值和生态价值融为一体，扩大了苜蓿资源的应用范围，使苜蓿从单一的刈割利用范畴扩展到刈割、放牧兼用范畴，并提升了苜蓿资源的生态功效，为水土流失区耐牧型优质苜蓿草地建设提供了重要的物质基础。

(一)阿勒泰杂花苜蓿

抗旱、抗寒、耐盐碱。干草产量 6 000～12 000 千克/公顷。适宜于干旱、半干旱平原农区，年降水量 250～300 毫米草原带种植。

(二)呼伦贝尔黄花苜蓿

抗寒、耐旱、抗病虫、持久性好。干草产量 7 000～9 000 千克/公顷。适宜于我国北方高寒及干旱地区种植。

(三)清水紫花苜蓿

叶片小，叶量多，茎秆纤细且硬，分枝能力强，株型疏松，枝条以斜生为主，有少量半平卧，根系为根茎型，根系强大，具有较强的固土护坡、保持水土能力和耐践踏、耐旱、耐寒、耐牧能力。春季返青早，秋季枯黄晚，青绿期长。干草产量约 7 500 千克/公顷。适宜在我国西北海拔 1 100～2 600 米的半湿润、半干旱地区种植。

(四)陇东天蓝苜蓿

为1年生或越年生草本,耐旱、耐寒,对土壤和气候条件适应性广泛。叶小而圆,密度高,青绿期长,花小而黄色,可以形成美观、省水、低养护的草坪。天蓝苜蓿还可用于夏季麦收后复种,可生产1茬饲草,广泛用于护坡固土和水土保持,是被破坏草地恢复植被时的先锋草种,也可作为短期绿肥利用。最适宜在黄土高原地区种植。

第二节　苜蓿抗逆性

一、抗 旱 性

目前,全球干旱、半干旱耕地占世界总耕地面积的42.9%,我国干旱及半干旱地区面积占全国总耕地面积的48%。因此,干旱成为影响该地区作物产量和品质的主要限制因子。苜蓿是我国干旱半干旱地区植被生态建设和退耕还草的重要草种,并在建设和保护生态环境、调整种植业结构、保持农业可持续发展等方面均有显著的经济效益和社会效益。对苜蓿抗旱性的研究一直以来都是牧草学研究的热点之一,研究领域也逐渐从形态水平发展到生理、生化及分子生物学等更深入的领域,并取得了很多有价值的研究成果。

(一)抗旱形态学

苜蓿的抗旱性可以从形态学上进行鉴定,根、茎、叶在水分胁迫的条件下都会产生不同程度的变化。有研究表明,根系深扎、根体积大;茎的疏导组织发达(维管束排列紧密、束内导管多、直径大等)、栅栏组织厚实、叶表面长有茸毛、角质层较厚等,均是抗旱性强的形态学表现。根夹角、根干重、根茎新枝高度是苜蓿根系形态结构抗旱能力最密切的指标。有资料显示，野生苜蓿资源比起人工种植的苜蓿有高度的耐旱性和耐啃食性。

(二)抗旱性与生产性能

对苜蓿抗旱性的研究最终要回归到实际应用当中，而其生产性能正是与抗旱性研究相连接的最好切入点。苜蓿的茎粗对产草量的效应最大，其次为叶片数，故茎粗、叶片数可作为紫花苜蓿选种、育种、产草量估测和确定刈割时期的两个主要选择指标。

(三)抗旱生理

目前，国内对苜蓿的抗旱性研究主要从生理生化角度加以分析、鉴定。植物受到干旱胁迫后，其体内的活性氧增加、细胞渗透调节物质发生变化、个体及群体光合作用受到抑制，最终植物个体或群体生长受抑，形态发生变化，生物量或产量受到影响。为了在干旱胁迫条件下保证生存，植物则会积累渗透调节物(如脯氨酸、可溶性糖、可溶性蛋白质等)、激活抗氧化酶系统(如超氧化物歧化酶SOD、过氧化物酶 POD、过氧化氢酶 CAT 等)，保护膜结构，以减轻干旱所造成的伤害。此外，叶片含水量、叶绿素含量等指标也能反映苜蓿抗旱性的强弱。有研究表明，逆境条件下植物叶片相对含水量可反映植物的保水能力，是标志植物水分状况的重要指标之一。能维持较高相对含水量的植物，其抗旱能力亦较强。叶绿素是绿色植物进行光合作用的主要色素，其含量的多少与牧草的光合作用和强度有密切的关系。干旱胁迫下叶绿素含量的变化，可以指示植物对干旱胁迫的敏感性，并反映植物的生产性能和抵抗逆境胁迫的能力。干旱逆境影响叶绿素形成，在新陈代谢过程中其含量减少。抗旱性强的材料叶绿素持有率高于抗旱性弱的材料。

二、抗 寒 性

抗寒性是植物在对低温寒冷环境的长期适应中通过本身的遗传变异和自然选择获得的一种抗寒能力。苜蓿喜温暖潮湿的气候,低温是影响苜蓿分布与推广的一个重要限制因素。抗寒性是北方寒温带地区苜蓿选育方案中的重要目标之一。

(一)形态特征与抗寒性

形态特征可以直观反映植物对低温的适应能力。苜蓿的抗寒性在很大程度上取决于根系类型。秋季随着气温下降和日照缩短,大部分苜蓿品种会将地上部分的营养输送到根系中储存,冬季随着气温的下降,根系中储存的养分也会产生相应的变化,以应对低温。有研究指出,分枝型根系比单个直根能更好地耐受冻拔现象。但国内引种观察表明,在一些地区根蘖型苜蓿并不比直根型苜蓿更抗寒,造成这种差异是因为苜蓿抗寒性既取决于其本身遗传特性,也受环境因素对代谢更迭的影响。有研究表明,根颈与根越粗,苜蓿的抗寒性越强;但也有研究认为,根重、根颈粗细与抗寒性无关。有研究发现,秋季具有较多根颈芽的苜蓿品种在春季能较快地进入返青阶段,提高其越冬率;深根颈较浅根颈表现出更强的抗寒性以及更多的再生枝条数目。苜蓿秋季植株生长高度与品种的抗寒能力密切相关。在低温短日照条件下,抗寒性弱的品种较抗寒性强的品种表现出更加直立的生长特性,且苜蓿秋季植株形态指数与抗寒性间呈显著正相关,到秋季抗寒能力强的苜蓿品种植株生长缓慢,茎分枝且匍匐生长。

(二)抗寒生理

1. 渗透调节　植物在逆境下的生长和发育都是受限的,它对外界刺激的反应就是合成和积累大量的蛋白质和与应激耐受性相关的小分子物质。脯氨酸、可溶性糖、可溶性蛋白质是植物体内的重要渗透调节物质，低温胁迫下大量积累可降低细胞水势，增强细胞持水力，缓和细胞外结冰后细胞失水，增强膜的稳定性；这些物质同时也是植物越冬的重要能量和更新芽的萌动力，其贮量越高，植物的抗寒性和萌发力就愈强。据报道，脯氨酸在冷锻炼期间含量的上升可能对抗冻性的提高没有什么直接作用，它的提高可能是植物在低温锻炼下代谢上的被动表现，而非适应性反应；可溶性糖的累积与抗寒性无关；可溶性蛋白质含量的增加与植物抗冷性的增强并不存在因果关系。

2. 膜脂过氧化　许多研究证实，膜系统是低温伤害的最初和关键部位，与植物抗性关系密切。在正常条件下，植物体内活性氧的产生与清除处于动态平衡的状态，由于细胞内自由基浓度很低，不会对植物造成伤害。但当植物遭受逆境胁迫时，体内活性氧的产生与清除之间的平衡被破坏，引发膜脂过氧化反应，从而引起膜的渗漏，使细胞膜透性增强。MDA 作为膜系统磷脂不饱和脂肪酸的过氧化产物对细胞膜起伤害作用，有研究认为低温锻炼后 MDA 含量会明显增加，也有研究认为 MDA 含量会下降。在一定胁迫强度内，细胞的各种保护机制使得 MDA 含量维持在一定的水平，但当胁迫强度超过特定阈值后，细胞内代谢失调，自由基积累，膜脂过氧化作用加大，MDA 含量升高。

3. 保护酶系统　植物体内的保护酶系统（如 SOD、CAT、POD 等）对清除活性氧、保护氧化带来的损伤很有效。抗氧化物酶活性的高低在一定程度上能够反映植物抗寒性的强弱。抗寒性强的品种保护酶活性高，对环境反应快，抗氧化能力强，受冻害影响最小。据报道，低温诱导植物体内氧自由基增多的情况下，牧草可通过增强体内 SOD 和 CAT 保护酶活性来降低受低温的伤害程度。

(三)秋眠性与抗寒性

苜蓿为长日照植物,其生长发育过程中存在光周期效应。苜蓿的秋眠性是指在北纬中、高纬度地区,由于气温下降和光照减少而导致的苜蓿形态和生活力发生的一种变化。不同的苜蓿品种对低温和短日照的反应存在差异,这种差异性只在秋季刈割后的再生过程中才能观察到。一般秋眠性极强的苜蓿品种在秋季的生长微乎其微,刈割之后恢复生长也很慢;而秋眠性弱的品种在秋季生长旺盛,且刈割后能很快得以恢复。这种生长特性与苜蓿的耐寒性和生产性能有直接关系。

苜蓿秋眠性是一种受气象因素、环境因素和遗传类型的相互作用相对稳定的特性。大量实验证明,苜蓿秋眠性与其返青时间、苜蓿春季茎部生长习性、根部生长、生产性能、抗旱性、抗寒性等有关。

1979 年 Barn 等提出了秋眠性 9 级分类的测定方法:极秋眠(1),秋眠(2),一般秋眠(3),半秋眠(4,5,6),一般不秋眠(7),不秋眠(8),极不秋眠(9);粗分为强秋眠(1,2,3),弱秋眠(4,5,6),非秋眠(7,8,9)3 大类。我国苜蓿品种主要为秋眠类型和极秋眠类型,其秋眠等级为 1～3 级,极少数种质属于半秋眠类型(4～5 级)。不同秋眠等级苜蓿适宜区域的最低气温如下:秋眠级 1:－45.5℃～－40℃;秋眠级 2:－40℃～－34.4℃;秋眠级 3:－34.4℃～－28℃;秋眠级 4～5:－28℃～－23.3℃;秋眠级 6:－23.3℃～－17℃;秋眠级 7:－17℃～－12℃;秋眠级 8:－12℃～－6.6℃;秋眠级 9:－6.6℃～－1℃;秋眠级 10～11:－1℃～4.4℃。

三、耐 盐 性

在干旱、半干旱地区土壤盐碱化是一个世界性的问题。我国盐渍土总面积约 3 600×10^4 公顷,占全国可利用土地面积的 4.88%。苜蓿在土壤含盐量大于 0.4%时生长不良甚至死亡。不同苜蓿品种耐盐性差别很大，耐盐品种在盐碱地上比一般品种增产 10%～30%，而一般品种在盐碱地上可能无法建植成功。

(一)耐盐品种

20 世纪，育种学家们在不完全了解作物表型和生理生化相互关系的情况下，通过传统的杂交育种方法获得了耐盐、高产、高品质和抗病的作物新品种。目前，通过传统杂交育种已获得了 9 个耐盐性品种，即沧州苜蓿、无棣苜蓿、龙牧 801 苜蓿、龙牧 803 苜蓿、龙牧 806 苜蓿、龙牧 808 苜蓿、中苜 1 号、中苜 3 号、鲁苜 1 号。

(二)耐盐生理

1. 耐盐性生理　近年来，对紫花苜蓿耐盐性生理已有许多相关研究报道。有资料显示，不同气候条件下紫花苜蓿的耐盐性因紫花苜蓿的基因型不同，其耐盐性不同，干旱荒漠地区的紫花苜蓿品种耐盐性强于其他地区紫花苜蓿的耐盐性。低浓度的 NaCl 对紫花苜蓿种子的发芽和幼苗生长没有抑制作用或者具有促进作用，外施脱落酸（ABA）可以减弱高浓度 NaCl 对幼苗生长的抑制作用；用维生素 C 浸种处理可促进紫花苜蓿种子在盐胁迫下的萌发，增强根系和幼苗的生长；沙引发（把种子放在沙里萌发）也可提高紫花苜蓿种子的活力和抗盐胁迫能力，促进盐逆境下种子的萌发和幼苗生长。硫化氢（H_2S）通过与一氧化氮（NO）的相互作用，减少盐胁迫对植物氧化损伤，而缓解 NaCl 胁迫引起紫花苜蓿种子发芽和幼苗生长的抑制作用，增强紫花苜蓿对盐胁迫的应答耐性。γ-射线照射与臭氧协同胁迫也可提高紫花苜蓿的耐盐性。在γ-射线照射下紫花苜蓿中 Na^+ 积累降低，在臭氧协同胁迫下盐土上紫花苜蓿相对产量增加 42%。

在自然界，盐胁迫和碱胁迫通常会同时发生，尤其在我国华北地区土地盐分主要是中性盐（NaCl 和 Na_2SO_4）和碱性盐（Na_2CO_3

和 $NaHCO_3$），而 Na_2CO_3 和 $NaHCO_3$ 含量约为总盐分的 90%。因此，了解混合盐碱对紫花苜蓿的影响也十分必要。有研究指出，用混合盐（NaCl、Na_2SO_4、$NaHCO_3$ 和 Na_2CO_3）和混合盐碱（盐浓度 24～120 毫摩/升，pH 值 7.03～10.32）处理紫花苜蓿，发现高浓度的混合盐碱胁迫损伤强于盐胁迫或碱胁迫。

环境营养成分会明显地影响植物对盐环境的适应，盐胁迫会抑制磷营养的吸收，且在低浓度磷时，这种相互影响更加严重。有报道称，低浓度盐胁迫时，添加磷可以促进茎的生长，但低浓度磷营养引起的生长抑制作用比盐胁迫更严重。

2. 耐盐性筛选 对于紫花苜蓿耐盐性筛选和鉴定的时期，有研究认为在早期进行耐盐筛选最为合适，因为紫花苜蓿在发芽期和苗期对盐分比较敏感，且苗期对盐分反应较发芽期更为敏感。

紫花苜蓿耐盐性鉴定的分析指标可选用地上生物量、可溶性糖含量、细胞质膜透性、MDA 含量、水分饱和亏缺以及叶水势等作为耐盐性鉴定指标。

四、抗病虫性

苜蓿病虫害种类繁多，常见病害有锈病、霜霉病、白粉病、褐斑病、花叶病、炭疽病、菌核病、根腐病等；常见虫害有苜蓿蚜虫、籽蜂、蓟马和盲蝽等。一些在同一地区多年采用的单一品种，感病虫率较高。在品种选择时，应针对当地病虫害类型选择抗病虫害的品种。

第三节 苜蓿栽培区划

苜蓿适宜生长的区域大致局限于亚热带到温带，即北纬 30°～60°、南纬 20°～45°的范围内，平均气温冬季在－12℃～10℃等温线之间，夏季在 16℃～27℃范围，年降水量 250～1 000 毫米的地带内。冬季严寒（＜－35℃）、夏季高温（＞40℃）、干旱缺水

（＜400 毫米）和土壤过酸（pH 值＜6）、过碱（pH 值＞9）和过盐（含盐量＞0.3%）是苜蓿生长发育的主要限制因素。从生产的角度分析，年降水量过多（＞1 000 毫米）不利于收获和贮藏，也属限制因素。综合分析，我国苜蓿生产的适宜区域为东北、西北和华北地区，以及淮河流域、青藏高原、秦岭以南、长江中下游平原及其以南，局部地域可以种植。

图 2-1 为我国各生态区域种植的苜蓿品种适宜秋眠级（FD）；图 2-2 为我国苜蓿产业带分布。

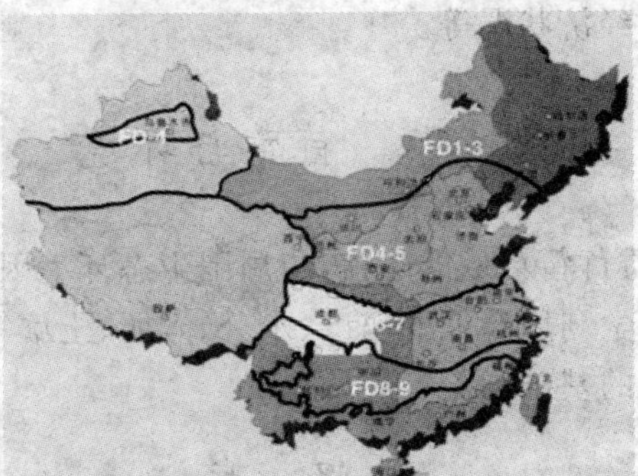

图 2-1　我国各生态区域适宜种植的苜蓿秋眠级

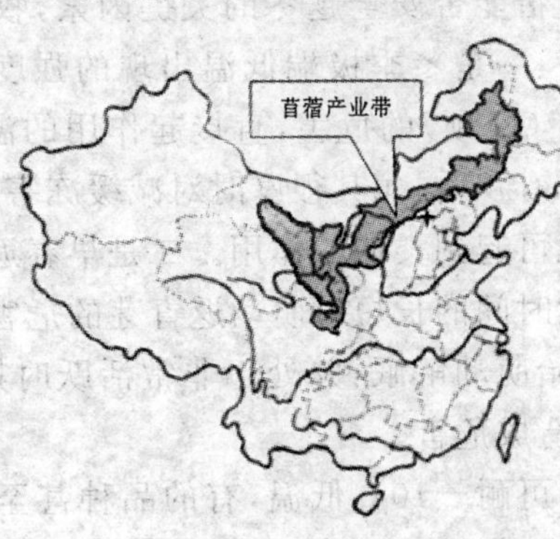

图 2-2　我国苜蓿产业带分布

第三章　苜蓿草地建植

苜蓿虽然适应性很强，但也有其适宜范围和基本生存条件，因此苜蓿的建植首先要考虑当地环境条件，如土壤质地、肥力、酸碱度；降水量、降水分布；温度范围、极端温度、生长季节的积温；前茬作物的种类；病虫危害特点、种类、发生时间、危害强度；当地的耕作习惯、水平、经济状况等。

第一节　苜蓿与环境

高产、优质苜蓿草地的建植，与周围生态环境因素有着密不可分的联系。科学利用当地的温度、水分、光照、土壤等环境条件，是苜蓿草地建植的基础和关键。

一、温　度

温度是决定苜蓿能否安全越冬的关键因素，牧草能否安全越冬取决于两个因素：一是冬季极端低温出现的强度及持续时间的长短对根部休眠芽（根颈）的危害，直接起作用的温度是耕作层5厘米地温。当冬季有积雪，尤其很厚时对减缓冻害极有好处，冬季加覆盖物或冬灌也可起到类似的作用。二是早春返青前异常低温出现的强度及持续时间的长短对萌动返青芽的危害。当早春气温上升时，休眠芽开始萌动解眠，并处于非常活跃时期，对低温特别敏感，一旦降温就造成危害。

苜蓿越冬期间可耐－10℃低温，有的品种甚至可耐－30℃的严寒，在最低气温－40℃地区，若有积雪覆盖也可安全越冬。再生芽在春天气温2℃～5℃时开始萌动，萌动至返青期苜蓿抗寒性最弱，如遇倒春寒（春季返青后气温降到－5℃以下），则易造成冻害甚至死亡。

二、水　分

水分对苜蓿的生长发育至关重要，每形成1克干物质约需要800毫升水。苜蓿不同生长发育阶段对水分的需求各异，分枝至现蕾期需水量最多，其次是开花结荚期。苜蓿每次刈割后再生需水量不同，播种当年第一茬苜蓿耗水量最大，二茬次之，三茬最低。

三、光　照

苜蓿属长日照植物。光照充足时，苜蓿茎多叶密，颜色浓绿，产量高，品质好；光照不足时，分枝减少，徒长向上，影响产量。

四、土　壤

苜蓿对土壤的要求并不严格。土壤黏重、紧实、过湿或过酸，均不利于苜蓿生长。一般情况下，土壤通透性能好、富含有机质、pH值呈中性的壤土有利于苜蓿生长。土壤养分高低直接影响苜蓿草产量和质量。由于苜蓿生物产量较高，所需的营养物质也较多。一般情况下，每生产100千克苜蓿青干草，需氮12.5千克、磷3.5千克、氧化钾12.5千克。

第二节　整地与播种

一、整　地

苜蓿种子小，对整地要求比较严格，主要包括耕翻、碎土耙平、镇压等内容。

(一)翻　耕

苜蓿是多年生植物，一经播种，几年内不再翻耕，因此精细整地对苜蓿的建植尤为重要。翻耕可以增加土壤的通透性、翻埋植物残茬和杂草，减少病虫害，并且使土壤更加平整，有利出苗。另外，翻耕前要增施有机肥料或无机肥料，在酸性土壤上要施石灰，通过翻耕使其更加均匀。土壤水分对翻耕质量很重要，在黏重土壤、水分过多或过少，都会形成坷垃，影响出苗，因此必须因地因时翻耕。土壤水分在18%～20%，翻耕深度18～22厘米；沙壤土翻耕时水分为20%～23%。翻耕时间，要根据播种时间、前茬作物而定，春、夏、秋三季均可以翻耕。北方地区种植苜蓿，为有效控制杂草危害，一般以春耕、夏耙为主；在山区和丘陵地区，春季完成翻耕，争取雨季前苜蓿生长高度保持在20～30厘米，植被覆盖度70%以上，可有效防止水土流失。

(二)碎土耙平

深层翻耕后，需要进一步松碎土壤、平整地表、压实表土。通过机械打(磨)碎、切碎、碾碎、刺碎等，可达到土壤细碎、表面平整。耙地其作用是疏松表土，耙碎耕层土块，解决翻耕后地面起伏不平，使表层土壤细碎，地面平整，保持墒情，为做畦或播种打下基础。

(三)镇　压

翻耕、碎土后土壤一般过于松软，需要镇压紧实，并把残留的土块进一步粉碎，以利于土壤底层水分上升，促进种子发芽。一般利用镇压器、石磙等工具压碎土块、压实地表，影响深度轻则3～4厘米，重则7～10厘米。翻耕耙耱后镇压，可使上层土壤变得紧实，改善土壤孔隙状况，减少土壤水分蒸发，为适时播种、顺利出苗创造良好的条件。小粒种子播种后随时镇压，可使种子与土壤紧密接触，便于种子发芽后及时吸收水分和养分，利于出苗和保苗。

二、播 种

(一)品种选择

我国幅员辽阔，气候、土壤和耕作水平不一，而供生产利用的苜蓿品种又很多，因此在播种之前要慎重挑选适合的苜蓿品种。苜蓿播种时，对于品种的选择，首先要考虑地理纬度、气候条件，其次是品质、产草量及抗性。对新引进的品种要进行引种试验，并且要有 3 年及以上的数据。

(二)种子处理

播种时，应尽量选用纯净度高(≥90%)、千粒重大(≥品种标准)、含水量适宜(≤12%)、发芽率高(≥90%)、种用价值高(≥80%)和无病虫害的优质种子。

$$\text{净度}=\frac{\text{样品总质量}-\text{杂质质量}-\text{其他植物种子质量}}{\text{样品总质量}}\times 100\%$$

$$\text{发芽率}=\frac{\text{发芽试验终期全部正常发芽种子数}}{\text{供试种子数}}\times 100\%$$

$$\text{种子用价}=\text{净度}\times\text{发芽率}\times 100\%$$

苜蓿的硬实率不高，一般在 10%～20%，在计算播种量时适当增加即可。硬实率是指种子有生活力，但由于种皮不透水，不能吸水膨胀，长期处于干燥、坚硬状态，即使在适宜的水分条件下也不萌发。通常硬实种子出苗晚，影响苗期的整齐性，生长竞争力弱。新收获的种子或在不良环境(如寒冷、干燥、盐碱)条件下收获的种子硬实率较高，一般贮藏几年的种子硬实率很低(10%～20%)或没有硬实。

如果苜蓿种子的硬实率达到30%以上，则需对种子进行处理，可将硬实种子暴晒3～5天，或1份种子加1.2～1.5倍沙子混合，碾压20～30次，或用碾米机处理直接去除硬实。

(三)根瘤菌接种

苜蓿的根部能够形成根瘤，根瘤中的根瘤菌具有很好的固氮能力，可以为植株提供氮素，也可改善土壤结构。因此，在苜蓿生产中可少施或不施氮肥。一般接种的第一年可增产26%～61%，第二年仍有一定的增产效果(图3-1)。在美国，超过80%的苜蓿在种植前接种根瘤菌。

图3-1 接种根瘤菌(右)与未接种根瘤菌(左)苜蓿苗

苜蓿接种根瘤菌的方法主要是根瘤菌剂拌种，即根瘤菌和种子混合拌匀使用。与根瘤菌粉剂直接拌种相比，加水或加黏着剂后拌种的效果更好。种子丸衣化是接种根瘤菌最好的方法，可以为根瘤菌创造最有利的生活条件。种子丸衣化是用通过100～300目的钙镁磷肥或碳酸钙的粉末颗粒作为包衣材料，将4%的根瘤菌剂与甲基纤维素溶液黏着剂、牧草种子混合倒入搅拌机中拌匀，再将丸衣材料倒入，继续搅拌1～2分钟至种子全部丸衣化，然后在背阴处晾干备用。接种过程中应避免日光直射。拌好的种子不宜过分干燥，以免菌浆脱落，且应尽快播完，避免种子受潮后降低种子的发芽势和发芽率。拌种时，菌剂不宜与杀虫剂、杀菌剂、除草剂等农药混合使用。

种子包衣的优点：①改善种子的弹性，用于飞机播种；②改善逆境条件种植牧草，建植方便；③降低种子漂移；④促进种子与土壤充分接触；⑤包衣的颜色和包衣材料可以有效地防止和避免鸟食和蚂蚁破坏；⑥减少种子的播种量，可实行精量播种；⑦有效防控作物苗期的病虫害，确保苗齐苗壮，促进幼苗生长，提高作物产量；⑧种子包衣、丸化处理对地下害虫如地老虎、蛴螬、金针虫等都有较强的杀伤力，且能防止鸟、鼠偷食种子。同时，包衣、丸化后的种子病虫害明显减轻，出苗快、长势强、叶片肥大、叶色深绿、百株鲜重高，促进了作物生长，为作物增产打下了良好的基础。

购买已接种根瘤菌种子，要注意根瘤菌有效期，已过有效期的应重新接种。

（四）播种期选择

应根据当地气候条件和前茬作物收获期，因地制宜地选择播种期。适宜的播种期有利于抓苗保苗和苜蓿的安全越冬，充分利用当地水热条件。苜蓿在春、夏、秋 3 季均可播种。春季土壤墒情好，春播利于出苗，但控制杂草难度大；干旱地区春季降水少，旱作时可考虑早春顶凌播种，即开春土壤解冻之初利用宝贵的冻融水抓苗。夏季气温高，雨水多，播后幼苗生长快，但易受病虫和杂草危害。秋季播种杂草少，土壤水分条件好，气候适宜，有利于苜蓿种子萌发和幼苗生长，但当年生长时间短，存在不能安全越冬的危险。一般而言，寒冷地区早春，温暖地区秋季，干旱无灌溉地区雨季为苜蓿最佳播种期。

各生产区宜选择的播种期如下：

1. 新疆荒漠绿洲及甘肃河西走廊区 新疆北疆地区春播在4月上旬，秋播在8月底为宜。南疆地区春播比北疆地区稍早，以4月初为宜；有些地区在麦收后播种；秋播9月底为宜。甘肃河西地区春播一般在3月下旬至4月初，夏播在7月底，秋播不要晚于8月5日。

2. 内蒙古河套灌区 宜在4月下旬至8月上旬播种。

3. 华北农牧交错带 赤峰、通辽宜在5月初至7月20日播种，水热条件好的地区可至8月初。山西北部以5月份春播为主。河北坝上及邻近地区宜在6月中旬灭草播种。

4. 黄土高原区 陕北地区春播可在4月初，秋播可在8月初，夏季可雨前播种。甘肃陇东、山西晋中及宁夏南部春、夏、秋均可播种，秋播以8月中旬为宜。

5. 东北区 黑龙江北部春播一般在4月下旬至5月下旬，夏播在6月初至7月底。松嫩平原东南部的苏打盐碱土地区，在4～5月份播种为宜。中、西部干旱区可在6月上旬至7月上旬播种。

6. 黄淮海地区 宜在8月中旬至9月下旬播种。

7. 西南地区 贵州中低山区秋播为宜，可在9～10月份播种；高山区春播为宜，可在3～5月份播种。云南6～8月份播种为宜。气温高、水肥条件好的平坝区宜在9～10月份播种。

8. 青藏高原区 甘南海拔3 000米以下、川西北3 300米以下、西藏南部及云南迪庆约3 500米以下的地区，5月上旬播种。

9. 长江中下游区 一般在9～10月份播种。气温相对较低的山区宜略早播种，但不宜早于9月中旬；气温相对较高、降水多的平原丘陵区可稍晚播种，但不宜晚于10月下旬。

(五)播种方式

苜蓿在生产上有单播、混播等种植方式。混播主要用于青贮或放牧。北方常将苜蓿与红豆草、无芒雀麦、老芒麦、披碱草、冰草、猫尾草等混播，播量为各自单播时的70%～80%；西南亚热带低海拔地区常用多年生黑麦草、鸭茅与苜蓿混播，总播量与单播相当或略高。

1. 单播

(1)条播　条播是按一定的行距一行或多行同时开沟、播种、覆土一次性完成的方式。此方法有行距无株距，便于田间管理，是苜蓿的主要播种方式，行距15～30厘米。

(2)撒播　撒播是把种子尽可能均匀地撒在土壤表面并轻耙覆土的播种方法。在种植规模大、整地质量好、能及时灌溉时可采用机械撒播后镇压；面积小的山坡地、果园隙地可人工撒播，撒播后要及时耙平、覆土并镇压。

(3)穴播　穴播是在行上、行间或垄上按一定株距开穴点播2～5粒种子的方式。此法具有行距和株距，是最节省种子的播种方式，优点是出苗容易，间苗方便，但缺点是播种费工，主要用于玉米与马铃薯。苜蓿穴播多用于试验田，或用于苜蓿育种田及特殊的生产田。

(4)保护播种　保护播种是指苜蓿在1年生作物保护下进行播种的方式。苜蓿苗期生长缓慢，持续时间长，长时间的裸地容易造成水分散失，也容易给杂草造成滋生机会，严重时杂草会危害牧草，导致种草失败。采用保护播种，既可以抑制杂草生长，又可以保护苜蓿幼苗的正常生长。一般保护播种法多用于北方干旱、寒冷地区。在陕西、山西、甘肃、内蒙古等地，春季或夏初时节，伴播1年生保护作物，如油菜、燕麦、胡麻、荞麦等，可抑制杂草生长、减轻水土流失；在山东地区，常把苜蓿播种在玉米、小麦、高粱地里，以大田作物保护苜蓿幼苗的生长，这些作物收获后，苜蓿幼苗能及时利用大田充足的水分和养分迅速生长，既增加了单位面积复种指数，又保证了苜蓿免受大田杂草的危害。另外，干旱地区低畦播种便于畦灌；多雨地区高畦播种便于排水；起垄播种利于早春提高地温、便于沟灌和沟排，坡地上还具有减轻水土流失之功效；干旱且无灌溉条件地区犁沟播种利于出苗和蓄积雨水。

保护播种主要以间行条播常见，即在种植苜蓿的行间播种保护作物。苜蓿播种行距不变，以其单播规定为准，若苜蓿播种行距为30厘米，则苜蓿与保护作物的行间距为15厘米。为减少保护作物对苜蓿的竞争，比苜蓿提前播种保护作物10～15天是有好处的。但因费工麻烦，实践中多采用同时播种，这样也便于保证播种质量。苜蓿的播种量同单播，保护作物的播种量为单播量的75%～50%，目的是减少保护作物对苜蓿的竞争。

2. 混播　将生长习性相近的牧草种子混合在一起播种，称为混播。以下是苜蓿混播的主要方式。

(1)同行条播　将混合牧草播于同一行内，行距通常7.5～15厘米。这种方法的优点是省工、操作较为简便；缺点是由于各种牧草种子大小、形状不一致，覆土深度难以同时控制，难以保证播种质量，同时造成幼苗的竞争，彼此抑制。

(2)间行条播　即播种1行牧草，相邻播种1行另类牧草，将豆科和禾本科分别间行播下。可分为窄行间行条播(行距为15厘米)和宽行间行条播(行距为30厘米)。采用紫花苜蓿与禾草间行条播证明，在旱作区是一种较为理想的方式，但一般经3～4年后豆科牧草自然衰退，混播草地的产量下降。同行还是间行条播取决于混播牧草的生物学类群和生物学特性。紫花苜蓿与草地羊茅、披碱草、猫尾草可同行条播，白三叶与多年生黑麦草适宜间行条播。试验证明，间行条播具有较大的优越性，起着保护作物的作用，对牧草的抑制较小，并且能保证混播的各种牧草的播种深度和播种均匀，田间管理也较方便。目前多采用这种方法。

(3)交叉播种　一种或几种牧草在同一行条播之后，与该播行垂直方向再播种其他牧草。这种方法的优点是牧草间的抑制作用较小，每种牧草播种深度适当，播种较均匀。缺点是需要进行两次播种，投入花费较多，同时田间管理工作比较困难。

（4）撒播　将各种牧草混合或分别撒在田间，然后再覆土。这种播种技术容易掌握，播种速度快；但种子分布不均匀，抓苗保苗困难，不便于田间管理。

3. 特殊播种

（1）早春顶凌播种　早春时，中午表土层土壤解冻 4～5 厘米，5 厘米以下是尚未解冻的冰凌层，把处理好的种子播在表土层，就是顶凌播种。顶凌播种不与作物抢农时，苗易活，成熟早。

（2）寄籽播种　冬季寄籽播种。秋末冬初，大地即将封冻，午后表土解冻 3.33 厘米左右即时播种。苜蓿种子利用一冬的雪水滋润，早春即发芽破土，出苗早且全苗容易。

（3）覆盖播种　苜蓿中等耐盐，在中度盐碱地种植时，采用覆盖播种的方法，即在整地前结合灌水压盐、脱盐、洗盐，耕层土壤的含盐量会明显减少，在此基础上覆盖地膜，土壤盐分上升慢，使耕层土壤的含盐量保持在较低水平上的时间可以延长，这样更有利于幼苗出土，实施全苗、壮苗。

（4）护坡种植　苜蓿根系发达，有些品种根系为根蘖型或根茎型，适宜固土护坡。在 25°左右的斜坡上，春季或秋季开成水平状横沟进行条播，或浅耕耙松坡面后进行撒播；在 30°以上的陡坡上，为防止土壤被冲刷，可采用“品”字形穴播法，穴距 20 厘米。

（六）播种量

正常情况下，用于牧草生产草地建植的苜蓿播种量为 15 千克/公顷左右。当土壤性状优良、整地精细和气候较为适宜时，播种量可降至 12 千克/公顷；相反，播种条件较差时，播种量应增至 18 千克/公顷以上。撒播时播种量应增加 20％左右。用于种子生产草地建植的播种量仅为 3 千克/公顷。

(七)播种深度

苜蓿种子小,适宜的播种深度为 0.5～3 厘米:一般壤土 1～2 厘米,黏质土 0.5～1.5 厘米,沙质土 2～3 厘米,盐碱土应小于 1 厘米。超过 3 厘米出苗缓慢,出苗率降低,苗弱。水分条件好宜浅,水分条件差宜深。

(八)播后镇压

播后镇压可使种子与土壤接触紧密,有利于种子吸水发芽。镇压还具有提墒的功能,有利于种子所处的浅表土壤保持湿润状态。

第三节 水肥管理

一、灌 溉

苜蓿喜水但忌积水,土壤中水分高时,苜蓿消耗水多,干物质积累也快,积水会导致烂根,造成植株大批死亡。一般而言,要达到高产的目标,必须根据苜蓿需水特性、生育阶段、气候、土壤条件等,配置灌溉设施,实施人工灌溉。

(一)耗水量与需水量

耗水量是在植物生产过程中植物蒸腾、土壤及植物表面蒸发、构建植物体消耗的水分数量之和,也称蒸腾蒸发量。苜蓿一个生长季耗水量为 300～2 250 毫米。苜蓿不同生长发育阶段耗水量不同,见表 3-1。

表 3-1 紫花苜蓿不同生长期的耗水量

生育阶段	天 数（天）	耗水量（米³/公顷）	占生育期的比例（%）	折合降水量（毫米）	折合 667 米² 耗水量（米³）
播种—出苗	6～9	303	5.2	30.30	20.21
出苗—分枝	16～18	405	6.9	40.50	27.01
分枝—现蕾	33～35	2163	36.9	216.30	144.27
现蕾—开花	14～16	1098	18.8	109.8	73.24

需水量是在土壤水分状况最佳、养分充足、大面积栽培条件下，植物健康无病、经过正常生长发育、在给定的生长环境下获得高产情形下的耗水量。苜蓿需水量因地域而异：东北为 600～800 毫米，东部和北部较低，西南部较高。西北新疆为 700～1 300 毫米；北疆较低，为 700～800 毫米；南疆较高，且越靠近塔克拉玛干沙漠越高。河西走廊为 800～1 300 毫米，大体由东向西逐渐增加。西北其余地区为 700～900 毫米，大体由东南向西北逐渐增加。华北为 700～900 毫米，高原和山地较低，平原较高。淮河流域为 700～900 毫米，由南向北逐渐增加。

（二）灌溉需要量

灌溉需要量的计算公式为：

灌溉需要量＝需水量－降水量＋地表径流量＋深层渗漏量－毛管水上行量

通常情况下，灌溉需水量主要取决于需水量和降水量。

我国苜蓿需水量地域分布规律前已述及。我国苜蓿适宜栽培区域的降水量差异较大：东北为 300～800 毫米，大体由东向西逐渐降低。西北新疆为 50～400 毫米，北疆高，南疆低。甘肃河西走廊为 50～200 毫米，大致由东向西逐渐降低。西北其余地区为

100～600 毫米，大体由东南向西北逐渐降低。华北为 300～700 毫米，大体由东南向西北逐渐降低。淮河流域为 600～1 000 毫米，大体由东南向西北逐渐降低。

我国苜蓿灌溉需要量地域分布规律大致如下：东北为 0～400 毫米，大体由东向西逐渐增加，西南部最高。西北新疆为 300～1 200 毫米；北疆较低，为 300～600 毫米；南疆较高，且越靠近塔克拉玛干沙漠越高。甘肃河西走廊为 600～1 200 毫米，大致由东向西逐渐增加。西北其余地区为 100～800 毫米，大体由东南向西北逐渐增加。华北为 200～400 毫米，大体由东南向西北逐渐增加。淮河流域为 0～300 毫米，大体由东南向西北逐渐增加。

(三)灌溉定额

苜蓿的灌溉定额，即全年灌溉量，主要取决于灌溉水资源量、灌溉需要量和灌溉效率。当灌溉水资源充足时，灌溉定额决定于灌溉需要量和灌溉效率。

灌溉定额＝灌溉需要量÷灌溉效率

当灌溉水资源不足时，灌溉定额决定于灌溉水资源量。

(四)灌水深度

根系集中分布层厚度是灌水深度的上限，苜蓿通常为 600～1 000 毫米。

(五)灌水定额

当灌溉水资源充足时，灌水定额决定于土壤持水能力、灌水深度和灌溉效率。

最大灌水定额＝灌水深度×(容积田间持水量－灌前土壤容积含水量)÷灌溉效率

上式中的“灌水深度”也常表述为“计划湿润深度”。

苜蓿的最大灌水定额通常为 60～100 毫米，或 600～1 000 米^3/公顷。

当灌溉水资源不足时，灌水定额决定于灌溉水资源量。

(六)灌水时期

北方春旱普遍，第一茬为重点灌溉期。寒冷地区土壤水分对苜蓿越冬十分重要，结冻之前须进行冬灌。西北荒漠气候区降水极少，各茬皆应按需灌溉。

确定具体灌水时期的方法有 3 类，即植株检测法、土壤检测法和水分亏缺测算法。当植株出现萎蔫或颜色灰暗时，表明缺水严重，应马上灌水。当根系集中分布层土壤含水量降至田间持水量的 60%左右时，应及时灌水。当土壤水分亏缺量接近上次灌水定额时，也应及时灌水。

水分亏缺量＝耗水量－降水量－毛管上行水量＋深层渗漏量＋地表径流量

在地下水位较深时，“毛管上行水量”和“深层渗漏量”可以忽略不计；在土地较为平坦、暴雨较少时，“地表径流量”也可忽略不计。于是，上式通常可以简化为下式：

水分亏缺量＝耗水量－降水量

(七)灌水次数

灌水次数主要决定于灌溉定额和灌水定额。淮河流域、东北和华北一般 1～5 次/年，西北 5～10 次/年。

(八)灌水强度

灌水强度，即单位时间灌水量，取决于土壤入渗速率，黏土、壤土、沙壤土、壤沙土和沙土的允许灌水强度依次为 8、10、12、15 和 20 毫米/小时。超过允许灌水强度则将出现地表径流或积水。

(九)灌水方法

1. 漫灌　通过网状分布的渠道输水，依靠地面高差和水重力使水在地面进行漫流灌溉，是一种粗放的灌水方法，适用于地势平坦、多年耕种、水源水量充沛的种植地。其优点是前期的建设投入和生产过程中使用成本较低；缺点是耗水多、耗时长，人力占用多，地势不平时难以保障灌溉均匀，易出现漏灌、冲刷和局部地面积水现象，灌溉对机械化作业也有不利影响。

2. 空中喷灌　空中喷灌是当前苜蓿灌溉的主流技术。喷灌水利用率可达 65%～85%，比漫灌节水 30%～50%，一般可增产 20%～50%。其优点是灌水均匀，节水、节地、省工、省力，受地形限制小，侵蚀作用弱，利于调节田间小气候，可降低叶温；缺点是受气象因素影响明显，投资大，对灌溉水质量和管理人员素质要求较高。喷灌系统分固定式、半固定式和移动式 3 类，可根据地形和资金条件等进行选择。

3. 畦灌　畦灌指用土埂将耕地分隔成长条形的畦田，水流在畦田上形成薄水层，借重力作用沿畦长方向流动并浸润土壤的灌溉方法。其优点是投资小；缺点是较为费工和占地较多。畦长不宜超过 100 米，畦宽通常为播种及收割机械幅宽的 1～3 整倍数，坡度以 0.3%～1%为宜。

4. 渗灌　渗灌(图 3-2)是将过滤后的水、肥料、农药以较小流量均匀准确地直接输送到作物根部附近土层或土表。其优点是：①节水。可精确控制水量，不易造成深层渗漏和地表流失，且全部采用管道输水，蒸发损失最小，水的利用率高，最多可节约喷灌用水的 50%。②增产。能精确控制水、肥、农药用量，地温下降小，从而控制作物生长的物理与生化指标，且可调节土壤中的水、肥、气、热均衡，降低空气湿度，减少病虫害，土壤团粒结构、透气性、保温性良好，地面不板结，苜蓿成活率及产量一般比地面灌溉高20%～30%及以上。③省肥且减少污染。肥料直接施到作物根区，便于吸收，可充分发挥肥效，减少肥料淋失和对环境的污染。据试验，渗灌较漫灌平均省肥40%左右。④灌水均匀。一般均匀度在90%上。⑤省工，易于自动化管理。⑥便于田间作业。灌溉过程中作物行间可保持干燥，影响田间机械作业的时间短。⑦适应性广。可在坡地使用，且不易造成土壤盐碱化。但渗灌系统投资较大，需要较高的维修管理水平。

图 3-2　渗灌管道布设

苜蓿是一种需水较多的作物，但又不耐水淹，水淹连续3天，就会出现部分植株烂根死亡的现象。因此，苜蓿田出现积水时，需要及时进行人工排水。在降水量大、经常遭受水淹的地区，需要人工修建排水系统，并长期保持地下水埋深超过1米。滨海、低洼地要注意雨季排水，水淹24小时苜蓿会死亡。

二、施　肥

（一）确定施肥需求

在制定施肥方案时，需要注意以下几个步骤：①取土壤样品，测定土壤中主要养分含量；②根据目标产量，确定各种养分需要量；③确定肥料的种类和数量，规划基肥、种肥和追肥的施用时间、种类以及单次用量，制定施肥计划。对于大规模生产者，建议定期进行植株组织分析，测定植物体内营养元素含量，一旦发现养分亏缺，立即结合土壤测试结果调整施肥方案。

1. 土壤测试　土壤测试是评价土壤肥力水平经济有效的方法，能在种植前预期土壤养分需求。

建植前，需测定土壤 pH 值、土壤有机质、碱解氮、有效磷、速效钾。沙性土壤增加有效硫含量的检测；碱性土壤增加含盐量的测定；pH 值≥7.5 的土壤还需测定有效铁、锰、铜、锌等。

建植后，碱解氮需每年测定 1 次，有效磷、速效钾和含盐量 2～4 年测定 1 次，有效硫及微量元素 3～5 年测定 1 次。

2. 监测肥料需求　在土壤检测结果的基础上，可进一步通过植物表观诊断和植物组织分析优化调整施肥方案。各种营养失调症一般都会在植物外观上有所表现（特别是叶片），因此可通过外观症状来初步诊断苜蓿是否缺乏营养元素（表 3-2）。但当这些可见症状在田间植物上有所表现时，植物的缺素问题通常已经非常严重，并已经造成了严重减产。这些可见症状还可以反应环境状况、根系生长的受限情况、病害及其他一些与缺素无关的情况。

表 3-2　苜蓿缺素表观诊断

元　素	缺素症状
氮（N）	老叶先出现症状，全叶失绿，淡绿色至黄色，植株发育不良，矮小纤细
磷（P）	老叶先出现症状，叶片及茎秆呈暗绿色，叶片较小，卷曲，向斜上方生长，植株稀疏
钾（K）	老叶先出现症状，叶片顶端及边缘最先出现失绿斑点，随后逐步扩展，但主脉通常无症状
钙（Ca）	新叶先出现症状，叶片扭曲，叶片尖端干燥枯黄，叶柄易折断，茎秆瘦弱，根系纤弱甚至腐烂，种子萌发困难

续表 3-2

元　素	缺素症状
硫(S)	新叶先出现症状,全叶失绿,淡绿色至黄色,但不出现坏死斑点,茎秆纤弱,生长缓慢
硼(B)	新叶先出现症状,呈黄色或淡黄色,植株顶端出现节间缩短现象,叶脉间出现红色斑块
铁(Fe)	新叶先出现症状,脉间失绿,但主脉不失绿,颜色差异明显,发展到后期全叶变白
镁(Mg)	老叶先出现症状,叶片卷曲,脉间失绿,初期叶缘保持绿色,后转为黄色或红紫色,叶脉一般不失绿
铜(Cu)	新叶先出现症状,叶柄卷曲,叶片出现坏死斑点
钼(Mo)	老叶先出现症状,叶片苍白,植株发育不良,类似缺氮症状,叶片可能出现杯状扭曲,老叶变厚、焦枯以致坏死
锌(Zn)	新叶先出现症状,叶小簇生,叶尖缺失,叶脉失绿
锰(Mn)	新叶先出现症状,脉间从叶缘开始失绿,颜色差异不明显

3. 植物组织分析　植物组织分析(图 3-3、图 3-4,表 3-3、表 3-4)正在兴起,在建植后可准确诊断多数营养元素的吸收利用。目前,国内牧草生产中很少测土施肥,更没有组织分析诊断,施肥比较盲目。

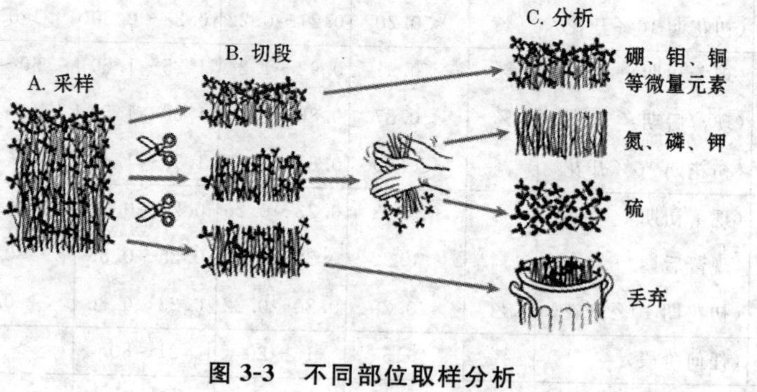

图 3-3　不同部位取样分析

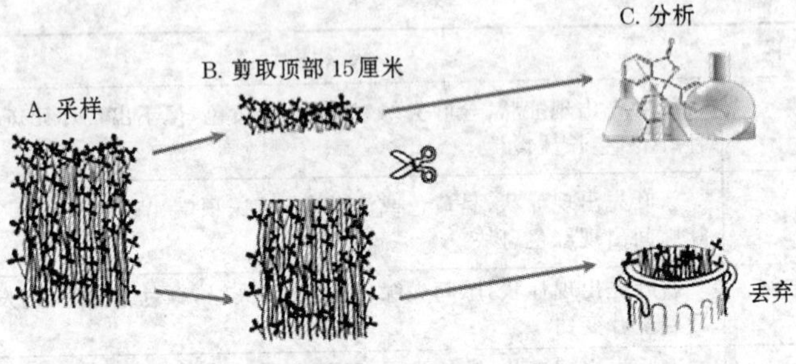

图 3-4　组织分析

土壤测试可提供可利用养分的准确信息，但不一定说明植物吸收的养分。植物组织分析可准确反映植物对养分的实际吸收情况。最好是播种期做土壤测试，建植后做组织分析。将两者结合起来，有利于综合营养管理系统的发展。

表 3-3　苜蓿组织分析诊断指标

养分		单位	缺乏	略缺	足够	较高
氮	（初花期）	%	<2.0	2.0～2.5	2.5～5.0	>5.0
磷	（现蕾初期）	%	<0.26	0.27～0.29	0.30～0.39	>0.39
	（现蕾后期）	%	<0.23	0.24～0.25	0.26～0.34	>0.34
	（初花期 10%开花）	%	<0.20	0.21～0.22	0.23～0.30	>0.30
钾	（现蕾初期）	%	<0.91	0.92～1.24	1.25～1.60	1.60～3.42
	（现蕾后期）	%	<0.87	0.88～1.19	1.20～1.53	1.53～3.27
	（初花期 10%开花）	%	<0.80	0.81～1.09	1.10～1.40	1.40～3.00
硫	（现蕾初期）	%	<0.23	0.23～0.26	0.27～0.35	>0.47
	（现蕾后期）	%	<0.22	0.22～0.24	0.25～0.33	>0.44
	（初花期 10%开花）	%	<0.20	0.20～0.22	0.23～0.30	>0.40
硼	（任何阶段）	%	<15	16～20	21～80	>200
钼	（任何阶段）	%	<0.3	0.4～1.0	1～5	5～10

表 3-4　苜蓿组织分析营养诊断表

（初花期顶部 15 厘米取样）

营养元素	缺　乏	基本足够	足　够	较　高	过　量
氮(%)	<2.0	2.0～2.5	2.5～5.0	5.0～7.0	>7.0
磷(%)	<0.20	0.20～0.25	0.25～0.70	0.7～1.0	>1.0
钾(%)	<1.75	1.75～2.00	2.0～3.5	3.5～5.0	>5.0
硫(%)	<0.20	0.20～0.25	0.25～0.50	0.5～0.8	>0.8
钙(%)	<0.25	0.25～0.50	0.5～3.0	3.0～4.0	>4.0
镁(%)	<0.20	0.20～0.30	0.3～1.00	1.0～2.0	>2.0
锌(毫克/千克)	<12	12～20	20～70	70～100	>100
铜(毫克/千克)	<4	4～8	8～30	30～50	>50
铁(毫克/千克)	<20	20～30	30～250	250～500	>500
锰(毫克/千克)	<15	15～25	25～100	100～300	>300
硼(毫克/千克)	<20	20～30	30～80	80～100	>100
钼(毫克/千克)	<0.5	0.5～1.0	1.0～5.0	5.0～10	>10

注：组织分析所用样品采自初花期（1/10 花蕾开放），选取顶部 15 厘米部分。样品采集后需保持冷藏并尽快运至实验室进行下一步处理。

（二）施 肥 量

苜蓿需要的养分包括大量元素、中量元素及微量元素。大量元素有氮、磷、钾，中量元素有钙、镁、硫，微量元素有硼、锌、锰、铁、铜、钼等。

据测算，每收获 1 吨紫花苜蓿干草，从土壤中带走 25～35 千克氮，3.5～7.5 千克磷（P_2O_5），25～35 千克钾（K_2O），1.8～2.8 千克硫，13～19 千克钙，2.5～3.5 千克镁，如果得不到补充，则难以达到应有的生产能力。由于不同土壤的养分条件不同，不同苜蓿品种对营养的需求差异很大。在新疆库尔勒灌耕潮土的研究结果显示：获得最高产量的施肥量为，氮 55.1 千克/公顷、磷 157.2 千克/公顷、钾 85.1 千克/公顷；全年实行 4 次刈割；获得最高产量的苜蓿营养条件是,土壤 pH 值 6.9,且排水良好,施磷 64 千克/公顷·年,硼 3.4 千克/公顷·年,钾 560 千克/公顷·年。在美国宾夕法尼亚州的苜蓿种植中,为当地提供不同收获水平下苜蓿的营养需求资料(表 3-5),并且给出现蕾期收获苜蓿时各营养素的组织含量(表 3-6)。

表 3-5 不同收获水平苜蓿营养吸收量 (千克/公顷)

产量(吨/公顷)	N	P	K	Ca	Mg	S	B	Cu	Zn	Mn	Fe
<9	227	25	205	99	17	18	0.22	0.66	0.18	0.40	1.09
9~11.2	253	32	270	121	21	22	0.28	0.07	0.24	0.53	1.16
11.2~13.4	351	38	315	148	27	28	0.34	0.08	0.29	0.57	1.58
13.4~15.7	418	45	379	162	29	32	0.37	0.09	0.31	0.74	1.76
15.7~17.9	480	53	451	187	34	38	0.41	0.10	0.34	0.90	1.80
>17.9	559	61	524	226	39	47	0.48	0.12	0.40	0.87	2.15

表 3-6 现蕾期贫瘠土壤(NF)与肥沃土壤(F)苜蓿收获时植物营养水平

元 素	茎		叶		根**	
	NF	F	NF	F	NF	F
	克/千克					
N*	19.7	18.6	56.0	53.0	16.3	17.2
P	2.5	2.6	3.6	3.5	2.6	2.5
K	15.1	27.9	13.7	21.2	8.2	11.1
Ca	7.6	6.5	24.1	20.5	7.0	6.7
Mg	3.5	2.9	4.4	4.3	2.2	2.0
S	0.6	0.9	4.9	3.5	0.9	1.1

续表 3-6

元素	茎		叶		根**	
	NF	F	NF	F	NF	F
	毫克/千克					
Zn	20	21	29	29	13	16
B	17	18	67	63	18	18
Cu	14	10	26	21	8	9
Mn	13	18	78	84	13	18
Fe*	88	102	130	140	136	184
	克/植株					
干物质	70	78	33	41	23	27

注:①引自 Lanyon *et al.*,1983

②*:施肥处理中未施元素;

**:样品为地面以下 15 厘米的根(Lanyon. *et al*. 1975)

1. 有机肥料　有机肥料包括厩肥、堆肥、人粪尿、绿肥等。其特点是养分含量全面,除含氮、磷、钾外还含有植物生长发育所需要的其他矿物元素。有机肥料的养分以有机态的形式存在,只有被微生物分解后,才能被作物吸收利用,因而当季的利用率较低,通常为 20%~30%。施用有机肥料还有改良土壤的作用。其中,粪肥是一种比较全面的营养来源,包含植物需求的所有主要养分、次级养分及微量养分。另外,粪肥还可以提高土壤生物活性,改善土壤理化性状。虽然施用粪肥有诸多好处,在苜蓿田间施用时,也存在一些问题:粪肥会造成叶片烧伤、降低牧草产量和品质。手工操作施用粪肥会造成根冠损伤、土壤紧实,这些反过来会降低植株产量,缩短群丛的维持年限。此外,粪肥中的氮素还可促进禾本科草与杂草的生长。对苜蓿草地而言,如果施用的粪肥过多或耕地过少时,需要采取一定的措施进行表土管理。

为苜蓿草地施用粪肥时,需要注意以下几个问题,以减少对苜蓿的伤害:①选择年限最久、禾本科草最多的群丛,这些禾本科草可以最大化地从粪肥中汲取氮素营养。②每 667 米^2 苜蓿地里液体粪肥的施用量不得超过 130 升,固体粪肥的施用量不得超过 10 吨,否则会造成损伤,还有可能妨碍空气流通,导致植株缺氧。如果对某种养分有额外需求,应再施用一些补充性肥料。③植株刈割并从田间移走后立即施用粪肥,使其与土壤而非新生叶片接触,这可以降低操作的风险,并减少适口性的问题。④校准撒播机,使其可以弄碎大块的粪肥,防止植株再生受到阻碍。⑤在土壤较稳固的时候撒播粪肥,一来防止土壤紧实,再者防止根冠损伤。

有机质含量是土壤肥力的最重要指标之一,必须通过施用有机肥把土壤有机质含量维持在较高水平上。施有机肥 45 000 千克/公顷,可使土壤有机质含量提高约 0.2%。有机肥宜全耕层均匀基施。土壤有机质含量丰缺指标和推荐有机肥施用量参见表 3-7。

表 3-7 土壤有机质含量丰缺参考指标和推荐有机肥施用量

项 目	缺 乏	中 等	丰 富
有机质含量(%)	<1.5	1.5~2.5	>2.5
有机肥施用量(吨/公顷)	45~75	30~45	0~30

2. 氮肥

(1)氮的生理功能　氮是合成蛋白质的主要成分,包括结构性蛋白质和功能性蛋白质(酶),也是构成光合作用中光能主要吸收体——叶绿素的必需成分。繁茂的营养生长和深绿的颜色意味着供氮充足。苜蓿通常以硝酸盐和铵离子形态完成对氮的吸收。在湿润、温暖、通气良好的土壤中以硝态氮离子吸收为主。硝态氮离子进入植株后利用光合作用提供的能量被还原为铵态氮离子。据报道,硝态氮比氨态氮对促进苜蓿生长更有效,硝态氮似乎比氨态氮更能抑制氮固定的发生。有人认为，根瘤中亚硝态氮含量比实际供给植株氮含量对苜蓿的生长更为关键，亚硝态氮是根瘤内硝化作用的一种有效抑制剂。氮肥对苜蓿总氮量、硝态氮和非蛋白质氮的影响见表 3-8。

表 3-8　施用氮肥对苜蓿总氮量、硝态氮和非蛋白质氮的影响

氮(千克/公顷)	全氮(%)	硝态氮(%)	非蛋白质氮作为全氮的%
0	3.91	0.003	13.6
27.5	3.90	0.004	13.3
55	3.74	0.006	11.5
111	3.76	0.006	14.4
222	3.88	0.043	16.5

(2)氮肥施用量　苜蓿根瘤固氮功能强大，一般不需要施用氮肥。但当土壤氮素过于缺乏时，可以考虑播种前基施少量氮肥，播种时作为种肥施用也可。土壤氮含量丰缺指标和苜蓿氮肥推荐施肥量参见表 3-9。如果是沙性土壤，有机质含量低于 1.5%，施氮 2～5 千克氮/亩，相当于 5～10 千克尿素/亩。

表 3-9　土壤氮含量丰缺参考指标和推荐施氮量

项　目	缺　乏	中　等	丰　富
全氮(%)	<0.05	0.05～0.10	>0.10
硝态氮(毫克/千克)	<10	10～20	>20
施氮量(千克/公顷)	0～75	0	0

3. 磷肥

(1)磷的生理功能　磷是核酸、辅酶、核苷酸、磷蛋白、磷脂和磷酸糖类等一系列重要生化物质的结构组分。在植物生命早期充分供磷对形成繁殖器官原基至关重要。磷在土壤中以正磷酸形式被吸收。在土壤中,磷主要通过扩散作用由土壤转移到植物根。由于磷易于固定,因此磷在土壤中的移动只能是短距离。在酸性土壤中,施石灰可以提高磷肥的有效性,但过量的石灰又降低可利用磷,原因是磷参与钙的反应。苜蓿体内磷的浓度远低于氮和钾的浓度。苜蓿植株磷临界水平约为 0.25%,而健壮的植株为 0.30%以上,苜蓿开花初期地上部分磷浓度一般应高于 0.35%。植物体内的磷极易移动,出现短缺时,衰老组织中的磷就转移到分生活跃的组织。磷随着植株成熟而在体内含量降低。

(2)磷肥施用量 苜蓿播种时常拌磷肥,尤其是低磷土壤。磷肥不容易流失,肥效时间长,一次施肥可满足较长时期苜蓿生长需求,最好作基肥施用(表 3-10)。传统耕作建植苜蓿地一般氮∶磷∶钾的比例是 1∶3∶1。充足磷肥是苜蓿建立强大根系的必需条件。苜蓿推荐施磷肥量见表 3-11。磷肥施用时,播种当年作基肥施入土壤,深度为 5～15 厘米;以后每年 1 次,秋季最后一次刈割后施入(10 月份至翌年 2 月份均可)。

肥料推荐用量计算经验公式如下:

磷肥推荐用量(千克/667 米^2)=(8.45－0.53×P)×Y

其中:P=土壤有效磷含量,毫克/千克

Y=苜蓿干草产量目标,吨/667 米^2

表 3-10 土壤有效磷含量丰缺参考指标 (毫克/千克)

区 域	作 物	养分含量丰缺分级				
		极 缺	缺 乏	中 等	丰 富	极 丰
黄淮海	小麦—玉米	＜77	＜14	14～30	30～40	＞40
东 北	春玉米	＜10	10～25	25～40	＞40	
西北旱地	小 麦	＜5	5～10	10～15	15～20	＞20
西北灌区	小麦—玉米	＜8	8～15	15～30	30～40	＞40

续表 3-10

区 域	作 物	养分含量丰缺分级				
		极 缺	缺 乏	中 等	丰 富	极 丰
新 疆	棉 花	<10	10～15	15～25	25～40	>40
西 北	苜 蓿	<5	5～10	10～12	12～15	>15

表 3-11 苜蓿推荐施磷肥量

土壤耕层有效磷含量（毫克/千克）	评 价	目标产量（吨/667 米²）			
		0.5	0.75	1.0	1.25
		磷肥推荐用量（千克 P_2O_5/667 米²）			
0～5	缺乏	3.5	5.5	7.0	9.0
5～10	略缺	2.0	3.5	4.5	5.5
10～15	足够	1.0	1.5	2.0	2.5
>15	较高	0	0	0	0

4. 钾肥

（1）钾的生理功能　钾在土壤溶液中以 K^+ 形态被植物吸收。其功能主要是催化作用，包括酶的激化，平衡水分，参与能量形成，参与同化物质的转运，参与氮吸收及蛋白质合成，活化淀粉合成酶，活化固氮酶等 7 种功能。钾从土壤中转移到苜蓿靠扩散作用和植物蒸腾，扩散是主要途径。苜蓿氮随钾的含量增加而增加。钾不足，降低酶的活性从而导致根瘤固氮率降低。钾肥可以促进苜蓿茎秆发育，可提高植株抗旱、抗寒、抗病虫害以及抗倒伏的能力。

（2）钾肥施用量　钾肥容易在表土层固定，故应深施到根系分布多的土层，以利根系吸收。一般采用条施、穴施等方法。我国中北部土壤钾含量较高和施用有机肥的习惯，一般土壤不致缺乏（表 3-12），因此钾肥的应用较少。钾肥的施用一般多限于产量较高的地块和严重缺钾的土壤。目前，广大农村应用较多的钾肥是草木灰。苜蓿推荐施钾肥量见表 3-13。钾肥施用时，播种当年作基肥施入土壤，深度 5～15 厘米(可与磷肥同施)；以后每年 1 次或 2 次，早春施入，或早春和第二次刈割后施肥；单次施用量不宜超过 15 千克/亩。

肥料推荐用量计算经验公式如下：

钾肥推荐用量(千克/667 米^2)＝(25.36－0.17×K)×Y

其中：K＝土壤速效钾含量，毫克/千克

Y＝苜蓿干草产量目标，吨/667 米^2

表 3-12 土壤交换性钾含量丰缺参考指标 (毫克/千克)

区域	作物	养分含量丰缺分级				
		极缺	缺乏	中等	丰富	极丰
黄淮海	小麦—玉米		＜90	90～120	120～150	＞150
东北	春玉米		＜60	60～120	120～160	＞160
新疆	棉花	＜90	90～180	180～250	250～350	＞350
西北灌区	小麦—玉米		＜90	90～120	120～150	＞150
西北	苜蓿	＜10	50～80	80～100	100～150	＞150

表 3-13 苜蓿推荐施钾肥量

土壤耕层速效钾含量(毫克/千克)	评价	目标产量(吨/667 米^2)			
		0.5	0.75	1.0	1.25
		钾肥推荐用量(千克/667 米^2)			
0～50	缺乏	10	15	20	25
50～100	略缺	6	10	13	16
100～150	足够	2	3	4	5
＞150	较高	0	0	0	0

5. 钙、镁、硫肥

(1)钙、镁、硫的生理功能 钙是苜蓿需要的另一种大量养分，以 Ca^{2+} 形态吸收。钙对细胞膜构成及其渗透性起重要作用。缺钙通常造成膜结构破坏，结果难于保持可扩散的化合物于细胞内。钙对植物体中碳水化合物的运转有影响。钙可促进硝态氮吸收，因此与氮代谢有关。钙对酶激活不起主要作用。

镁以 Mg^{2+} 的形态被吸收。镁是叶绿素分子中仅有的矿质组分，处于叶绿素中心位置。生成叶绿素通常用去植株全镁量的15%～20%。镁是核糖体的结构组分，镁可能激活氨基酸生成多肽链。镁具有多种生理和生化功能，Mg^{2+} 是 RuBP 羧化酶的活化剂，参与三磷酸腺苷(ATP)磷酸转移反应。碳水化合物代谢中几乎每种磷酸化酶的最大活性都需要激活。涉及三磷酸腺苷(ATP)磷酸转移的大多数反应都需要镁。

在植物生长和代谢中硫有多种重要功能：主要有合成蛋白质必需组分胱氨酸、半胱氨酸和蛋氨酸等含硫氨基酸需要硫。植株中约 90%的硫存在于这些氨基酸中。合成其他代谢物时也需要硫，这些代谢物包括辅酶 A、生物素、硫胺素(即维生素 B_1)和谷胱甘肽。硫还是铁氧还蛋白的重要组成部分，也是叶绿素中非血红离子硫蛋白的组成部分。

(2)钙、镁、硫肥施用量 对于钙、镁、硫而言，可以在播种前一次性地将 3～5 年所需肥料作为基肥全部施入土壤，也可基施和追施结合。土壤钙、镁、硫有效含量丰缺参考指标参见表 3-14。

表 3-14 土壤钙、镁、硫有效含量丰缺参考指标 (毫克/千克)

项 目	养分含量丰缺分级				
	极 缺	缺 乏	中 等	丰 富	极 丰
交换钙	<100	100～250	250～1000	1000～2000	>2000
交换镁	<25	25～50	50～100	100～200	>200

续表 3-14

项目	养分含量丰缺分级				
	极缺	缺乏	中等	丰富	极丰
有效硫	<10	10～15	15～30	30～50	>50

注:未区分作物种类和土壤类型。

6. 微量元素肥料

(1)微量元素的生理功能　硼以硼酸(H_3BO_3,pH 值 9.2)的形态被植物吸收,硼在土壤中存在的形态也多数为硼酸。硼在植物中有多种功能,主要功能如下:硼与细胞壁组分间发生反应生成多羟基化合物,从而增强细胞壁的稳定性;硼酸与醇类和糖类生成的多羟基复合体促进了糖在植物中的转移;硼在氮基础代谢和在控制磷结合进核苷酸的速率中起作用,从而影响 RNA 的代谢;硼能改变植物激素活性,缺硼植株中积累生长素。硼在植物分生组织的发育和生长中起重要作用。硼在植株体内相对不移动,一般老叶含硼最多,其次是上部叶片、植株旗叶、茎上部,最后是茎下部。伴随植株顶端叶片由于缺硼变黄,植株上部同时表现为节间芽短缺。

铁以 Fe^{2+}、Fe^{3+} 形式存在,又以有机复合或螯合铁到达植物根部。代谢铁需要 Fe^{2+} 且以此形态被植物吸收。铁既作为结构组分,又充当酶促反应的辅助因素。铁的化学性质使其成为氧化还原反应的一个重要组成部分。铁是非血红素分子结构组分,参与酶系统作用。

锰参与光合作用和氧化还原过程、脱酸和水解反应。在许多磷酸化反应和功能团转移反应中锰能代替镁。锰影响植株中生长素水平,似乎高浓度锰有利于吲哚乙酸分解。过量锰对生长有害。植物以 Mn^{2+} 及其某些天然及合成的络合剂结合成的分子形式吸收。叶面施用任何一种形式的锰肥都能被叶片直接吸收。

铜在植物中参与以下酶系统或代谢过程：氧化酶，包括酪氨酸酶、抗坏血酸氧化酶和虫漆酶；细胞色素氧化酶的末端氧化作用；质体蓝素介导的光合电子传递；对形成根瘤有间接影响。植物以铜离子 Cu^{2+} 形态吸收，也能吸收天然或合成有机复合体中的铜。叶片也能吸收铜盐及其复合体。

锌在植物中参与以下酶系统或代谢过程：生长素代谢，色氨酸合成酶，色胺代谢；脱氢酶如吡啶核苷酸、乙酸、葡萄糖六磷酸核丙糖酸代谢；磷酸二脂酸；碳酸酐酶；过氧化物歧化酶；促进合成细胞色素 C；稳定核糖体。植物以锌离子 Zn^{2+} 形态吸收，也能吸收天然或合成有机复合体中的锌。叶片也能吸收可溶性锌盐和锌复合体。苜蓿对缺锌属于中度敏感，锌在植物干物质中的浓度低于 20×10^{-6} 水平则缺锌，叶片中锌水平高于 400×10^{-6} 则可能发生毒害。

钼是钼酸还原酶的必需元素。这种酶为水溶性钼黄蛋白，主要存在于叶绿体被膜中。植物中钼常常由于亚硝酸盐或铵盐降低其需求。钼参与生物氮的固定和蛋白质的合成，钼是固氮酶结构的组成部分，苜蓿根瘤中有 10 倍于叶片中的钼浓度。还有报道，钼在植物体中对铁的吸收和运输中起着不可替代的作用。营养钼以 $MoO_4{}^{2-}$ 形态被吸收，能生成复合多聚阴离子。由于钼的螯合形态，植物相对过量吸收后无明显毒害。植物一般干物质中钼的含量低于 1×10^{-6}，缺钼植株中一般低于 0.2×10^{-6}。

苜蓿对微量元素的需要量很小，但不可或缺。在 pH 值及土壤有机质含量适宜时，不易出现缺乏症。土壤有效锌、硼、铁、锰、铜、钼含量丰缺临界值参考指标及推荐施肥量参见表 3-15、表 3-16。

表 3-15 土壤有效锌硼含量丰缺临界值参考指标及推荐施肥量

元素	区域	作物	临界值（毫克/千克）	肥料	施肥量（千克/公顷）
锌	黄淮海	小麦—玉米	0.5	七水硫酸锌	15～30
锌	东北	春玉米	0.6		
锌	新疆	棉花	0.5		
硼	黄淮海	小麦—玉米	0.5	硼砂	7～15
硼	东北	春玉米	0.5		
硼	新疆	棉花	1.0		

表 3-16 土壤铁、锰、铜、钼有效含量丰缺临界值参考指标及推荐施肥量

元素	施肥量（千克/公顷）			
	临界值（毫克/千克）	肥料	＜临界值	＞临界值
铁	2.5	硫酸亚铁	60～120	0
锰	5	硫酸锰	20～40	0
铜	0.2	硫酸铜	8～15	0
钼	0.10	钼酸铵	0.5～1.0	0

注：未区分作物种类和土壤类型。

（2）微肥施用量　微量元素肥料每 3～5 年施用 1 次。通常与大量元素肥料掺混后基施。也可返青后或刈割后于灌溉之前或雨季进行土壤表面追施。再次施用前须重新进行土壤微量元素含量测定，低于临界值方可再次施用。

（三）施肥方法

1. 基肥　基肥是播种或定植前结合土壤耕作施用的肥料，其目的是为了创造苜蓿生长发育所要求的良好的土壤条件，满足苜蓿对整个生长期的养分要求。因此，基肥的作用是双重的，一是培

养地力、改良土壤，二是供给作物养分。作基肥的肥料主要是有机肥料如厩肥、堆肥、绿肥或磷肥、复合肥。

基肥的施用方法有撒施、条施和分层施。所谓撒施是在土壤翻耕之前，把肥料均匀撒于田面，然后翻耕入土中。撒施为基肥的主要施用方法，优点是省工，缺点是肥效发挥得不够充分。条施是在田面上开沟，然后把肥料施入沟中。条施肥料施得集中，靠近种子及植株根系，因此用量少、肥效高，但较费工。分层施是结合深耕把粗质肥料和迟效肥料施入深层，精质肥料和速效肥料施到土壤上层，这样既可满足苜蓿对速效肥的需求，又能起到改良土壤的作用。

2. 种肥 种肥是播种（或定植）时施于种子附近或与种子混播的肥料。施用种肥，一方面可为种子发芽和幼苗生长创造良好的条件，另一方面用腐熟的有机肥料作种肥还有改善种子床或苗床物理性状的作用。种肥的种类主要有：腐熟的有机肥料、速效的无机肥料或混合肥料、颗粒肥料及菌肥等。种肥是同种子一起施入的肥料，因而要求所选用的肥料对种子无副作用，凡过酸、过碱或未腐熟的有机肥料均不能作种肥。种肥的施用方法很多，可根据肥料种类和具体要求采用拌种、浸种、条施、穴施等。其中拌种法指根瘤菌剂施用时可与种子均匀拌和后一起播入土壤。浸种法是用一定浓度的肥料溶液来浸泡种子，待一定时间后，取出稍晾干后播种，因肥水浸种有肥育种子的作用，故也叫种子肥育法；穴施是在播种前，把肥料施在播种穴中，而后覆土播种，其特点是施肥集中，用肥量少，增产效果较好。

3. 追肥 追肥是在生长期间施用的肥料，其目的是满足苜蓿生育期间对养分的要求。追肥的主要种类为速效氮肥和腐熟的有机肥料。磷、钾、复合肥也可用作追肥。近几年的经验证明，采用尿素等化肥，硼、钼、锰等微量元素肥料以及某些生长激素在现蕾开花期对苜蓿进行根外追肥，对提高种子产量有重要作用。为了充分发挥追肥的增产效果，除了确定适宜的追肥期外，还要采用合理的施用方法。追肥的施用方法通常包括撒施、条施、穴施和灌溉施肥等。其中灌溉施肥是在灌溉时将肥料溶于灌溉水而施入土壤的方法。当撒施、条施、穴施在土壤墒情不好时也多结合灌溉进行。根外施肥在多数情况下是将肥料溶解在一定比例的水中，然后喷洒于叶面，通过组织吸收满足苜蓿对营养的需要。

第四节　病虫草害防治

一、苜蓿病害防治

病害是苜蓿生产的主要限制因素之一。我国苜蓿主产区西北、东北和华北都存在较严重的苜蓿病害。据报道，新疆豆科牧草病害大约有 93 种，其中苜蓿病害约 25 种；甘肃苜蓿病害有 32 种；宁夏豆科牧草病害有 34 种，其中苜蓿病害有 15 种；内蒙古苜蓿病害约 18 种；吉林和黑龙江苜蓿病害约 19 种。在南方地区，虽然苜蓿种植面积不大，但苜蓿病害较为严重。云南豆科牧草病害有 73 种，其中苜蓿病害就有 20 种；江苏苜蓿病害约 17 种。

苜蓿病害是由病原真菌、细菌、病毒等多种病原物所引起的，受害最大的部位是叶部和根部，通常称为叶部和根部病害。叶部和根部病害几乎在我国的苜蓿种植区均有发生。据不完全统计，全国的苜蓿病害大约有 90 种。苜蓿病害可使牧草产量大幅度减少，据统计，美国每年因病害使苜蓿干草减产 25%，种子减产 10%；病害同时还降低病草中粗蛋白质的含量，增加粗纤维等含量，导致家畜消化率大幅度下降，严重影响苜蓿的产量和饲用价值。

（一）苜蓿病害的分布及危害

1. 西北地区　西北地区是我国的主要苜蓿产区，苜蓿病害的相关研究工作开展较多,对苜蓿病害的种类和危害程度有较多了解。在新疆阿勒泰地区,苜蓿丛枝病造成裸地面积达 32%,单株鲜重减少 37.9%。在甘肃河西地区,苜蓿霜霉病发病率达 48.5%,产草量减少 35.5%～57.5%;在甘肃祁连山地区,苜蓿褐斑病发生严重,落叶率达 50%以上,牧草减少 15%～40%,种子减产 25%～57%,粗蛋白质含量下降 16%,可消化率下降 14%左右。在新疆和甘肃,苜蓿白粉病重病地发病率达 90%以上,感病苜蓿与健康株相比较,消化率下降 14%,粗蛋白质减少 16%,产量降低 30%～40%,种子减产 41%～50%;苜蓿锈病严重发生时病叶的鲜重比健康叶减少 44%,粗蛋白质减少 18.2%,粗纤维增加 14.83%,病草的适口性下降。在宁夏,苜蓿花叶病发病率在 50%以上,部分地区发病率高达 90%以上;苜蓿根腐病可造成苜蓿死亡率达 60.1%～73.5%;霜霉病对苜蓿幼苗的生长和根瘤的数量有显著影响,感病株幼苗高度比健康株降低 42.6%～52.2%,根鲜重减少 75%,根瘤的数量减少 54%。

2. 华北地区 据报道,北京房山地区苜蓿霜霉病发病率达 70%以上,重病地可达 90%以上,牧草减产 30%～50%;苜蓿褐斑病重病地可达 80%以上,落叶率达 60%以上,减产 40%～60%。对 140 个苜蓿品种的花叶病进行调查,发现有 85 个感病品种,病株率均在 20%以上,病害严重度达 50%～100%,鲜草损失率达 10%以上,种子减产 40%。

3. 东北地区 东北是我国苜蓿的主要产区之一,但有关苜蓿病害的研究资料比较缺乏。对黑龙江省 8 个地区的紫花苜蓿根部病害进行田间调查研究,发现根腐病在苜蓿中的发生很普遍,重病地块发病率高达 92%,其主要致病菌是镰刀菌和丝核菌。

(二)苜蓿病害

1. 叶部病害

(1)苜蓿锈病

①分布　苜蓿锈病我国大部分地区均有报道,多在温暖湿润地区的夏秋季节发生,属局部发生的病害,一般不会引起大面积流行,在干旱地区零星发生。

②症状　叶下面先出现小褪绿斑,隆起呈疱疹状,灰绿色,后表皮破裂露出棕色粉末状孢子堆。染有苜蓿锈病的植株含有毒素,不仅影响适口性,而且会导致畜禽食用后中毒。

③发生规律　病菌通常以冬孢子在苜蓿残茬根颈处越冬,在南方及温暖地区也可以夏孢子越冬。苜蓿生长季节以夏孢子田间造成多次侵染,以风雨传播;高温多湿有利于病害的发生,发病高峰期在夏末秋初。苜蓿锈病的转主寄主是乳浆大戟。

④防治　加强田间病害监测,发现田间开始发病,应适时提前刈割,刈割后选用20%三唑酮乳油1 000～1 500倍液,或75%百菌清可湿性粉剂600倍液,或70%代森锰锌可湿性粉剂600倍液进行喷雾。视病情隔7～10天喷药1次,重复2～3次。

(2)苜蓿霜霉病

①分布　苜蓿霜霉病在我国普遍分布,在早春阴湿条件下易发生此病,会对第一茬产量造成严重损失,也会导致秋天种植的苜蓿死亡或不能越冬,是一种危害较大的病害。

②症状　病株呈黄白色或淡绿色,矮小萎缩,株高仅为健康植株的1/3～1/2。小叶染病后出现形状不规则、边缘不清楚的浅黄色、淡绿色病斑。病斑占据了小叶的大部分面积,病叶多向下方卷曲,严重时病叶坏死腐烂。

③发生规律　霜霉病菌通常以休眠孢子在残茬上越冬,也可在系统侵染的植株根茎发芽处以菌丝体越冬,在早春时随风雨传

播侵染，上部幼嫩叶片极易感病，在4℃～28℃条件下病原菌均可萌发侵染，18℃是最适宜温度，有春季和秋季两个发生高峰期，春季较重。

④防治 选择抗霜霉病苜蓿品种是防治此病的最佳方法；避免在感病地秋季种植苜蓿；加强田间病害监测，适时提前刈割第一茬苜蓿，并及时移出田间。发病初期，选用65%代森锌可湿性粉剂400～500倍液，或72%霜霉威水剂600～800倍液进行喷雾。苜蓿大量生病时，用70%代森锰锌可湿性粉剂400～500倍液进行喷雾。

(3)苜蓿白粉病

①分布 苜蓿白粉病在我国分布广泛，温暖、昼夜温差大、湿润条件下易发生此病。苜蓿感染白粉病后常导致生长不良，种子产量与品质下降。病株具有毒性，影响家畜采食、消化吸收，进而危及家畜的健康。通常在秋季对苜蓿造成危害，严重时会造成毁灭性损失。

②症状 白粉病发病初期，叶背面有絮状白色霉层，正面有不规则褪绿斑，斑点逐渐汇合，叶片变黄；严重时，叶片两面、茎、叶柄、荚果等部位及整株都能产生白色粉霉，霉层呈绒毡状，生长后期霉层中出现淡黄色、橙色至黑色的小点，为越冬休眠体。

③发生规律 病菌以闭囊壳在苜蓿残茬中越冬，秋季适当降雨有助于其萌发侵染，并借风力传播造成流行。白粉病通常在苜蓿生长中后期发生，一般8月中旬开始发病，上升非常迅速，如条件适宜可在几天内暴发成灾。感病稍重的苜蓿，家畜(尤其是羊)基本拒食，兔食用后出现腹泻症状。

④防治 加强田间病害监测，开始发病尽快提前刈割，刈割后选用20%三唑酮乳油3 000～5 000倍液，或70%甲基硫菌灵可湿性粉剂1 000倍液，或40%氟硅唑乳油8 000～10 000倍液进行喷雾。

(4)苜蓿褐斑病

①分布　苜蓿褐斑病属世界性病害,我国普遍分布,发病时尽管不造成植株死亡,但叶片脱落会造成长势变弱,产量损失可达40%以上,质量严重下降,已成为苜蓿常发性、危害性最大的病害。

②症状　首先从植株下部叶片发病,在感病叶片正面出现褐色至黑色、直径 0.3～3 毫米的圆形小病斑,病斑互相不合并,边缘整齐,后期病斑中央形成直径 1 毫米左右的浅褐色盘状增厚,叶片变黄,提前脱落。

③发生规律　主要发生在苜蓿生长季中后期,秋季阴凉潮湿条件下利于其发生,尤其是降水结露促进其发生。通常 5 月下旬可见发病,对第一茬苜蓿基本上不造成危害,6～7 月份高温干燥天气褐斑病发展较为缓慢,8 月上中旬病情迅速上升,8 月下旬至 9 月上旬进入高峰期。病原菌在病株残茬和落在地表的残叶上越冬,特别是湿度适宜时,病菌孢子随风雨弹射在下部叶片上进行侵染,在田间可以发生多次再侵染。

④防治　选择抗褐斑病的苜蓿品种;加强田间病害监测,开始发病尽快提前刈割;不能提前刈割的,发病初期,选用 50%多菌灵可湿性粉剂 500～800 倍液,或 70%甲基硫菌灵可湿性粉剂 600～1 000 倍液,或 75%百菌清可湿性粉剂 600 倍液,或 70%代森锰锌可湿性粉剂 600 倍液进行喷雾。

(5)苜蓿花叶病

①分布　苜蓿花叶病分布在我国新疆、宁夏、甘肃、河北等地区。

②症状　叶片黄色斑驳,植株矮缩,叶柄扭曲,生长势严重下降。

③发生规律　由苜蓿花叶病毒引起,花叶病毒可由 14 种蚜虫传毒到 51 个双子叶植物科 430 个栽培种和野生种上,种子也可带毒,是新建草地重要的传毒源。老苜蓿地花叶病明显重于新苜

蓿地。

④防治 选用抗病品种；加强传毒介体蚜虫监测和防治，防治方法见苜蓿蚜虫防治方法；对于花叶病发生5年以上的苜蓿地应及时翻耕轮作；加强栽培管理，提高植株生长势。

2. 根部病害

(1)苜蓿炭疽病

①分布 苜蓿炭疽病在我国普遍分布，整个生育期持续危害，常在温暖、潮湿的条件下发生，最严重时可导致苜蓿减产25%。

②症状 主要危害植株茎部，对叶和荚果也有危害，在易感植株上有大片凹陷的椭圆形或菱形病斑。大的病斑呈稻草色，边缘为棕色。这些病斑会扩大，连成一片，将茎秆围绕起来，杀死一株植物上一到几个茎秆。被围绕的茎秆会突然枯萎，并呈牧羊钩状。死亡茎秆散落田间，上面常带有稻草色或珍珠白色的死亡幼芽。被感染植株的根冠呈蓝黑色，枝条数减少，最后死亡。

③发生规律 病菌在植株残茬上越冬，植株病斑上产生的孢子是炭疽病的侵染源，雨水、露水及喷灌均有助于病菌的传播，夏天高温季节病害发展迅速。

④防治 选用抗炭疽病的苜蓿品种；在发病初期，选用10%世高水分散粒剂600～1 000倍液，或80%炭疽福美可湿性超微粉500倍液，或80%代森锰锌可湿性粉剂400倍液进行喷雾。

(2)苜蓿菌核病

①分布 苜蓿菌核病主要分布在我国东南、西南地区，危害性较大，冷凉潮湿条件下易发生此病。

②症状 对夏、秋季种植的苜蓿危害尤其严重。首先在叶部和茎部出现小褐斑，叶片变褐，萎蔫死亡，可见白色菌丝；翌年早春根颈部和茎下部变软、变色、腐烂，常由于植株死亡引起草地出现裸地，在坏死的茎秆上出现外覆白色蓬松菌丝的黑硬的菌核，并进一步扩散危害。

③发生规律　病菌以菌核或菌丝在苜蓿体内越冬，菌核可随种子传播，菌核在干燥土壤中可存活多年，通常在冷凉潮湿的春、秋季发生，夏季高温病害停止发生。

④防治　春季播种可有效抑制病害，播前深翻土地，深埋菌核减少其萌发；选择无菌核的清洁种子或抗病品种；发病初期，选用50%腐霉利可湿性粉剂1 000～1 500倍液，或70%甲基硫菌灵可湿性粉剂500倍液进行喷雾。

(3)苜蓿根腐病

①分布　苜蓿根腐病在全国普遍发生，是一种典型的土传病害，是以苜蓿镰刀菌和丝核菌为主的多种病原菌复合侵染的毁灭性病害。东北、华北地区发生相对较重，在苜蓿生长各时期均可造成严重危害。

②症状　苗期全株叶片发黄至红褐色，发病初期根毛和胚根上出现黄褐色小病点，病点逐渐扩大，呈黄褐色水渍状、边缘不明显的圆形、长圆形病斑，并逐步向根尖和茎基部扩展。成株典型症状是皮层组织至木质部变为黄色至褐色，根尖和根的中柱黑色腐烂，根茎和根中部变空，分枝减少，侧根大量腐烂死亡；有的主根呈红褐色至暗褐色条状变色，最后根部全部变色坏死。

③发生规律　根腐病各病原菌在土壤和残茬中均能长期存活，植株长势差、田间积水和土壤湿度过大易致病害发生，一般种植当年很少发生苜蓿根腐病，第二年逐渐开始有根腐现象。发病苜蓿常在越冬时死亡。

④防治　选用抗病苜蓿品种是最经济有效的途径，目前有很多品种对根腐病具有较高抗性；保证土地平整，控制灌水量，防止田间积水；增施钾肥，提高根部生长势；使用化学防治很难控制此病的发生。

二、苜蓿虫害防治

在苜蓿的栽培管理方面，危害苜蓿的昆虫种类很多，它们的分布范围和对苜蓿的危害程度也不尽相同，但它们都会在不同的发育阶段对苜蓿的生长发育，草产品质量、产量产生很大影响，严重时会造成苜蓿死亡，给苜蓿鲜草及种子生产带来极大的损失。因此，在苜蓿生产中对虫害的防治十分重要。

(一)苜蓿虫害

1. 蓟　马

(1)分布　蓟马是对苜蓿最具危险性的害虫，在全国普遍分布，主要有牛角花齿蓟马、苜蓿齿蓟马、普通蓟马、烟蓟马、花蓟马和大蓟马等10余种，是以牛角花齿蓟马为优势种的混合种群危害，对苜蓿干草产量造成20%以上的损失，种子产量减少50%以上。

(2)形态特征　蓟马属微体昆虫。成虫产卵于叶片、花、茎秆组织中，个体细小，长度0.5～1.5毫米，成虫灰色至黑色，若虫灰黄色或橘黄色，跳跃性强，危害隐蔽，需拍打苜蓿枝条到白板纸和手掌上肉眼才可见。

(3)发生规律　蓟马发育历期短、世代重叠严重、个体小、易隐蔽；危害时间长，从春季苜蓿返青到霜冻，蓟马可在苜蓿植株上持续危害；蓟马主要在苜蓿心叶和嫩叶上危害，花期部分进入花内危害；随着苜蓿生长，受害心叶展开，被取食部位由于蒸腾作用迅速收缩、发白，而使整叶呈卷缩状，严重者整叶发白卷缩；降雨可缓解蓟马的危害，但北方干旱地区的降雨对蓟马的抑制作用不像对蚜虫一样明显，雨后其种群数量很快得以恢复。

(4)防治　蓟马发生初期，选用4.5%高效氯氰菊酯乳油1 000倍液，或10%吡虫啉可湿性粉剂1 000倍液，或25%噻虫嗪水分散粒剂7 500倍液，或3%啶虫脒乳油2 000～2 500倍液，在早晨或傍晚蓟马活动盛期进行喷药。

2. 蚜 虫

(1)分布 蚜虫是全国普遍分布的常发性害虫。危害苜蓿的蚜虫主要包括豆无网长管蚜、苜蓿彩斑蚜和苜蓿蚜。蚜虫多聚集在苜蓿的嫩茎、叶、幼芽和花各部位上，以刺吸式口器吸取植物汁液，被害植株叶片卷缩，蕾和花变黄脱落，影响苜蓿的生长发育、开花结实和牧草产量。发生严重时，田间植株成片枯死。

(2)形态特征 豆无网长管蚜体黄绿色，足细长，淡黄色；苜蓿彩斑蚜体黄色，背部有彩色斑点；苜蓿蚜无翅蚜体黑色或紫黑色。

(3)发生规律 蚜虫通常以雌蚜或卵在苜蓿根颈部越冬，春季温度升至 10℃以上苜蓿返青时成蚜开始出现，随着气温升高，虫口数量增加很快，每个雌蚜可产生 50～100 个胎生若蚜，在整个苜蓿生育期蚜虫发生 20 多代。蚜虫的虫口数量同降雨量关系密切，5～6 月份降雨少，蚜量则迅速上升，对第一茬和第二茬苜蓿造成严重危害，重者百枝条蚜量可高达 1 万头以上。

(4)防治 ①农业防治。选用抗蚜虫品种是最经济有效的途径；保护瓢虫、草蛉、食蚜蝇、蚜茧蜂等天敌，发挥其自然控制作用，应用杀虫剂防治时，尽可能避免伤害天敌；改良土壤、合理施肥、合理灌溉、合理密植、加强田间管理等措施是增加苜蓿产量、增强苜蓿抗蚜、抗病、减少蚜虫发生和繁殖的有利条件。②物理防治。利用蚜虫的趋黄性，在田间插黄色涂粉着剂塑料膜等诱杀成蚜，减少危害，此方法尤其适用于繁种基地；适时刈割是减少苜蓿蚜虫数量的必要手段和有效措施，可有效避免蚜虫发生高峰和压低蚜虫的虫口密度。③科学合理施用农药。选用高效、低毒、低残留农药，如选用 10%吡虫啉可湿性粉剂 2 000 倍液，或 25%噻虫嗪水分散粒剂 7 500 倍液，或 4.5%高效氯氰菊酯乳油 1 500 倍液，或 50%抗蚜威可湿性粉剂 2 500～3 000 倍液，进行茎叶喷雾。喷药时要注意喷叶片背面。

3. 苜蓿夜蛾

(1)分布　苜蓿夜蛾是我国广泛分布的杂食性害虫，在苜蓿地夜蛾类害虫最为常见，具偶发性，年度间发生轻重差别较大，常以二代幼虫在 8～9 月份局部暴发，幼虫暴食叶片，造成较大损失。

(2)形态特征　苜蓿夜蛾体长 15 毫米，翅展 30～35 毫米，前翅黄绿色，有时浅褐色，中部有宽而深的横纹，肾状纹深色。后翅淡黄色，近外缘部分黑色，夹有心脏形淡褐斑，翅基部黑色，中央夹有黑色斑点，缘毛黄白色。初产的卵为白色，而后转为黄绿色，球形平底，周围有纵纹及横格。幼虫头黄色，上有黑斑，每 5～7 个为一组，在中央酌斑点形成倒“八”字形。体色多变，一般为黄绿色，上有黑色纵纹，肤门黄色。老熟幼虫体长 40 毫米，蛹淡褐色，末端有刚毛。

(3)发生规律　1 年发生 2 代，以蛹在土壤中越冬，第一代成虫 6 月份在田间出现，第二代成虫 8 月份出现。1～2 龄幼虫有吐丝卷叶习性，常在叶面啃食叶肉，2 龄以后常在叶片边缘向内蚕食，形成不规则的缺刻和孔洞。

(4)防治　在夜蛾卵孵化盛期至低龄幼虫期，选用苏云金杆菌可湿性粉剂(100 亿个活芽孢/克)500～1 000 倍液，或棉铃虫核型多角体病毒制剂(100 亿个/克)500～1 000 倍液，或 24%虫酰肼悬浮剂 1 200～2 400 倍液，或 1.8%阿维菌素乳油 2 000～2 500 倍液，或 25%灭幼脲悬浮剂 1 000 倍液，或 4.5%高效氯氰菊酯乳油 750 毫升+40%辛硫磷 750 毫升/公顷对水 600 升，在早晨或傍晚夜蛾科害虫活动盛期进行喷药。

4. 苜蓿盲蝽

(1)分布　盲蝽广泛分布于我国苜蓿、小麦、棉花、胡麻等农田中，在苜蓿田发生是苜蓿盲蝽、牧草盲蝽、三点盲蝽、赤斑盲蝽等组成的多食性混合种群。苜蓿盲蝽是优势种，吸食嫩茎叶、花芽及未成熟的种子，对苜蓿草产量影响较大，可造成种子减产 30%～50%。

(2)形态特征　苜蓿盲蝽成虫体长5～6毫米,体淡黄绿色,触角比体长,前胸背板后缘有2个黑点,小盾片中央有半丁字形黑纹,初孵若虫全体绿色,5龄时黄绿色。

(3)发生规律　盲蝽寄主较为广泛,苜蓿是盲蝽最为喜食的寄主植物,因其飞行能力较强,很容易从成熟的杂草、牧草或其他作物上迁移到苜蓿地。盲蝽1年发生3代,完成1个世代需4～6周,以卵在苜蓿地残茬中越冬,5月上中旬为孵化盛期,6月份为危害盛期,主要取食花芽、花、种子、嫩梢等,同时注入有毒的唾液,引起植株矮缩、芽枯、落花以及种子畸形。

(4)防治　初花期前及时刈割,可避免害虫的危害高峰,减少下茬虫口数量;无法提前刈割的苜蓿田,若虫期为有利的防治时期,选用2.5%高效氯氟氰菊酯乳油1 000倍液、45%马拉硫磷乳油1 500倍液、400亿个/克球孢白僵菌可湿性粉剂200克/667米^2,可兼治蓟马。

5. 金龟甲类

(1)分布　金龟甲类虫是分布较广的地下害虫,主要有华北大黑鳃金龟和铜绿丽金龟。

(2)形态特征　华北大黑鳃金龟成虫体长17～22毫米,长椭圆形,黑褐色,有光泽。铜绿丽金龟成虫体长15～19毫米,背面铜绿色,有金属光泽。

(3)发生规律　金龟子的幼虫称为蛴螬,栖息在土壤中,主要危害植物的根、茎,使植物发育不良或幼苗枯死;也取食萌芽的种子,造成缺苗断垄。成虫取食植物的茎和叶。金龟子以成虫或幼虫在土壤中越冬。

(4)防治　①在蛴螬发生严重地区,苜蓿的利用年限应以2～3年为宜,换茬的苜蓿地要及时翻耕,可减少虫量。②利用金龟甲的趋光性和趋化性,可设置黑光灯和糖醋液诱杀。③防治苜蓿播种期地下害虫:用40%辛硫磷乳油100毫升加水4～5升拌种;

40%甲基异柳磷乳油 50 毫升加水 5 升拌种；5%地虫硫磷颗粒剂每 667 米^2 1.5～2 千克，撒施于播种沟内，播种后覆土。④防治苜蓿生长期地下害虫：每 667 米^2 用 40%辛硫磷乳油 250 毫升与细土 25 千克混合撒施后翻入地下，或用 40%甲基异柳磷乳油 150～200 毫升拌细土 30 千克条施后覆土。⑤防治成虫：用 90%原粉 800 倍液喷雾或 80%敌敌畏乳油 1 000～2 000 倍液喷雾。

6. 苜蓿象甲

(1)分布　苜蓿象甲主要分布在我国新疆、内蒙古等地区。

(2)形态特征　成虫体长 4.5～6.5 毫米，头部有一部分延伸成象鼻状，因此又取名为象鼻虫。

(3)发生规律　一般 1 年发生 1 代，有的地区可发生 2 代。可以成虫或卵越冬。成虫产卵于植物茎秆中，孵化后取食植物茎叶，成虫和幼虫均可取食危害植物，但幼虫危害更为严重。若虫取食 3～4 周，取决于苜蓿的质量和温度，幼虫蜕皮 3 次。老熟幼虫结茧后落入地上。蛹需要 1～2 周完成，多数从茧中出来，夏季躲到安全地方，不动，开始越夏。少部分成虫仍产卵，再发生 1 代。冬季成虫躲入渠沟、草丛、栅栏等地越冬。

(4)防治　①提前收割，将卵、幼虫随收割的苜蓿一起带走。②利用天敌，苜蓿象甲幼虫的主要天敌有苜蓿象甲姬蜂、小姬蜂和七星瓢虫等。③药物防治。50%马拉硫磷乳油稀释 1 000 倍液喷雾；或 25%甲萘威可湿性粉剂 200～300 倍液喷雾；或 10%涕灭威颗粒剂，每 667 米^2 施 0.5～0.6 千克，可与化肥混合后，沟施。

7. 叶蝉类

(1)分布　危害苜蓿的主要种类有大青叶蝉、二点叶蝉等。大青叶蝉除西藏外，各省区均有分布，以甘肃、宁夏、内蒙古、新疆、河南、山东、江西、江苏等地区发生量大，危害较重；二点叶蝉分布于东北、华北、内蒙古、甘肃、宁夏及南方等地。

(2)形态特征　大青叶蝉成虫体长 7～10 毫米，青绿色，触角上方有一块黑斑,头部黄色,后缘有一对不规则多边形黑斑。二点叶蝉成虫体长 4 毫米,淡黄绿色,略带灰色。头顶有 2 个明显小圆黑点,小盾片鲜黄色,基部有 2 个黑斑。

(3)发生规律　叶蝉以成虫、若虫群集植物叶背面和嫩茎秆上,刺吸其汁液,使寄主生长发育不良,叶片受害后,多褪色呈畸形卷缩,甚至全叶枯死。

(4)防治　若虫盛发期喷药,常用 40%乐果乳油 1 000 倍液,或 50%叶蝉散乳油,或 25%甲萘威可湿性粉剂 500～800 倍液喷雾。

8. 籽　蜂

(1)分布　籽蜂只危害苜蓿种子,对草产量无影响。

(2)形态特征　被害的种皮为黄褐色,多皱褶。籽蜂由幼虫羽化后种子或荚皮上留有小孔,这是田间诊断有无籽蜂的标志。

(3)发生规律　籽蜂 1 年发生 1～3 代,以幼虫或蛹在田间和仓库的种子内生活和越冬,可随种子调运而传播,结荚期和成熟期发生数量最多。

(4)防治　在一块苜蓿地上不宜连续两年收种子,收种和收草应交替进行;用沸水烫种子半分钟,可杀死全部幼虫,或以 50℃热水浸种半小时效果也不错。

(二)苜蓿虫害的综合防治

苜蓿虫害防治措施的制定要从农业生态系总体出发,根据有害生物和环境之间的相互关系,充分发挥自然控制因素的作用,因地制宜地协调应用必要的措施,将害虫控制在经济损害水平以下,以获得最佳的经济、社会和生态效益。在防治时,一定要考虑到对牧草的安全和对生态环境的保护,要注意保护有益生物。另外,用农业防治的方法也是控制害虫的根本方法。培育健壮植株是防止虫害的基础。总之,选用抗虫品种,加强田间管理,少使用化学农药,必须使用化学农药防治害虫时应首先使用生物农药。注意在牧草收割前用药的安全间隔期。只有这样,才能最大限度地减少对牧草和环境的污染,有效地控制害虫的危害,使草业沿着高效、高产、优质的方向发展。

三、苜蓿杂草防治

(一)杂草对苜蓿的危害

杂草对苜蓿的危害是多方面的。在幼苗期,杂草与苜蓿争光、水和营养,使苜蓿幼苗弱小,密度降低,生长缓慢。轻者降低饲草产量和质量,重者导致苜蓿建植失败。已经度过幼苗期的苜蓿,对杂草的竞争力有所提高,但其生长仍受杂草的影响。当苜蓿由于病害、虫害、冻害等各种原因出现斑秃时,杂草就会乘虚而入,形成侵扰危害,从而降低苜蓿的产草量和品质。

(二)苜蓿杂草的种类

苜蓿田常见的 1 年生杂草主要有稗草、马唐、狗尾草、苍耳、藜、苋、马齿苋等。2 年生杂草主要有荠菜、看麦娘、播娘蒿等。1～2 年生杂草主要靠种子繁殖,所以在防治策略上应重视减少杂草种子落入田间的数目,应在开花结实前清除。苜蓿中常见的多年生杂草主要有白茅、草芦等。

(三)杂草综合防治

苜蓿在播种当年,杂草的重发期在苜蓿幼苗期,尤其是春播或夏播;建植 1 年以上的苜蓿地,杂草的发生程度较建植当年明显降低,但杂草仍然威胁着苜蓿的生长,特别是春末夏初头茬苜蓿收获之后,因夏季光、热、水等条件有利于杂草的生长,其生长非常迅速,不及时防治会影响苜蓿的产量和质量。

1. 耕作栽培控制杂草

(1)土壤耕作防除杂草　苜蓿播种前浇水诱发杂草萌发生长，杂草出苗后，浅翻耕破坏杂草生长或喷施灭生性除草剂杀死出苗的杂草。翻地时不可深翻土壤，以免将下层未萌发的杂草种子翻上来，造成2～3厘米土层内杂草种子再次污染。在夏季苜蓿刈割后，由于气候条件非常适合杂草的生长，很容易造成草害。此时，可用钉齿耙沿条播方向浅耙1次，既能减轻杂草危害，又起到了松土保墒的作用。

(2)选择播种期防治草害　苜蓿播种主要在春、夏、秋3个时期，秋播苜蓿田中杂草的危害程度轻于春播和夏播田。这主要是由于秋播后，杂草处于幼苗期时即进入冬季，绝大部分杂草已进入生长末期即将死亡，第二年土壤表层的杂草种子量明显减少，因而杂草的危害减轻。而春季播种时，正是杂草萌发生长的高峰期，随着温度和水分的升高，杂草生长速度高于苜蓿的生长速度，因而很容易对苜蓿的出苗生长造成危害。

(3)轮作措施防治草害　长期种植苜蓿的田中，由于生态选择和化学药剂选择的结果，双子叶杂草的数量逐渐增多，在苜蓿田中，双子叶杂草的防除较单子叶杂草困难，如果与单子叶植物(如小麦)轮作，小麦地中的双子叶杂草相对容易防除，这样就会大大降低土壤种子库中双子叶杂草的数量，从而减轻双子叶杂草对苜蓿的危害。

2. 化学方法防治草害

(1)播种前的杂草管理　苜蓿草地建植前清除多年生杂草十分重要。可以在春季或秋季施用除草剂防治田间多年生杂草的生长。建议多在秋季施用，其防治效果较为持续。苜蓿播种前可以使用的除草剂主要有麦草畏、草甘膦、滴丁酸(2,4-D)、二氯吡啶酸(Stinger)、氯吡嘧磺隆(Permit)或将这些除草剂按一定的配比混合施用。麦草畏和二氯吡啶酸必须在种植苜蓿前施用，且距苜蓿种植的时间要足够长，否则，其残留物会伤害苜蓿幼苗的生长。偃麦草是北方苜蓿群丛中最严重的多年生杂草之一。在秋季施用草甘膦的效果优于春季施用，而且应在偃麦草生长最活跃的时候施用。

(2)播种当年的杂草管理　播种当年，杂草的重发期在苜蓿幼苗期，故应将杂草消灭在幼苗阶段。有几种除草剂已经开始用于新播种的苜蓿草地中(表 3-17)。

表 3-17　紫花苜蓿对除草剂的耐受能力与除草剂有效性

	播种前施用			出苗后施用						
	扑草灭 EPTC	草甘膦	氟乐灵 tifluralin	溴苯腈	滴丁酸 2,4-DB	稀禾定 Posat Plus	二甲戊灵 Prowl H20	咪唑乙烟酸 Pursuit	甲氧咪草烟 Raptor	烯草酮 Select
苜蓿耐受力	F/G	E	G	F/G	G	E	E	G	G	E
禾本草										
稗草	G/E	E	G/E	P	N	G/E	G/E	G	G	G/E
狐尾草	G/E	E	G/E	P	N	E	G/E	G	G/E	E
偃麦草	P/F	G/E	P	N	N	F/G	P	P/F	P/F	G
野燕麦	F	E	P	N	N	G/E	P	F	F	
阔叶草										
东部龙葵	F	E	P	G/E	F	N	P	E	E	N
灰白团扇荠(a)	G	G/E	N	F	F/G	N	G/E	F/G	F/G	N
地　肤	F	G/E	G	F/G	F	N	—	G	G	N
灰　菜	F	G/E	F/G	G/E	G/E	N	G/E	F/G	G	N
夜花蝇子草	F/G	——	G	F/G	P	N	——	——	——	N
藜　属	F/G	E	G/E	E	G/E	N	G/E	G/E	G/E	N
豚草属	F	P	P	G/E	G/E	N	P	F/G	F/G	N
蓼　科	P/F	G/E	P	G	P	N	P	G	G	N
苘　麻	F/G	G/E	N	G	G/E	N	N	G/E	G/E	N
野芥菜	P/F	E	P	G	F/G	N	N	G/E	G/E	N

缩写词：E=优；G=良；F=中；P=差；N=无效；“——”=无数据。防治频率只对 1 年生幼苗有效。

注：引自美国苜蓿管理，选自 Renz，威斯康星大学，2010。

(3)已建植苜蓿草地的杂草管理 当苜蓿草地由于肥料缺乏、病虫害或冻害而生长缓慢时,易出现杂草入侵的现象。除草不会增加牧草的收获量,只会增加牧草中苜蓿的比例。对于除草是否会影响牧草的品质,要取决于杂草的种类和生长阶段。如白毒麦和蒲公英,就不会影响牧草的品质和动物的采食,而山芥和灰白团扇荠却不怎么可口,会影响动物采食。禾本科杂草因纤维含量较高,也会影响动物采食。若决定在已建植苜蓿草地中施用除草剂,应依据杂草入侵的程度、杂草类型、苜蓿草地的密度情况而定。对于 3 年及以上丛龄的苜蓿草地而言,每平方米割茬应至少有 592 个枝条。从经济方面考虑,应在杂草入侵程度较严重、所出现杂草类型影响了牧草品质、并且苜蓿群丛的密度足够抵抗因杂草移除而导致的竞争降低效应时,才施用除草剂。苜蓿不会蔓延到清除了杂草的空地上生长,所以如果在密度较低的苜蓿群从中施用除草剂,就意味着杂草的再次入侵。一些除草剂,如威尔柏和赛克津,它们的施用效果可持续 2 年以上,在此期间,杂草的生长都会受到抑制。表 3-18 比较了已建植苜蓿草地可用的除草剂。

表 3-18 已建植苜蓿草地适用除草剂效果比较

	滴丁酸(2,4-DB)	草甘膦	烯禾定(Poast Plus)	二甲戊灵(Prowl)	烯草酮(Select)	咪唑乙烟酸(Pursuit)	赛克津	甲氧咪草烟	Velpar (hexazidone)
苜蓿耐受力	F/G	E	G	E	G	G	G/G	G	G/G
败酱草	F/G	E	N	P	N	F	G	E	G
狐尾草属	N	E	G	G/E	G	F/G	G	G/E	G
夜花蝇子草	P	—	N	—	N	—	G	—	G
芥 菜	F/FG	E	N	F/G	N	G/E	G	G/E	G
独行菜	F/G	—	N	—	N	—	G	—	G
斑纹矢车菊	F	G/E	N	P	N	—	F	—	N

续表 3-18

	滴丁酸(2,4-DB)	草甘膦	烯禾定(Poast Plus)	二甲戊灵(Prowl)	烯草酮(Select)	咪唑乙烟酸(Pursuit)	赛克津	甲氧咪草烟	Velpar (hexazidone)
田蓟	P	G/E	N	P	N	P	P	P/F	N
皱叶酸模	P	—	N	P	N	P	F	P/F	F
蒲公英	P	G	N	P	N	P	F/G	P/F	F/G
灰白团扇荠	F	—	N	P	N	P	F/G	F	G
橙水兰	N	—	N	P	N	—	P	—	N
偃麦草	N	G/E	F/G	P	F/G	P	F/G	P/F	F/G
一点红,多年生	P	E	N	P	N	P	N	G	N
白麦仙翁	P	F/G	N	P	N	P	F	P/F	F
多枝乱子草	N	E	F/G	P	F/G	P	P	P/F	F
山芥	P	G/E	N	P	N	F/G	F/G	F/G	G

缩写词:E=优;G=良;F=中;P=差;N=无效;—=无数据。

3. 除草剂的使用

(1)扑草灭 是一种在播种前施用的除草剂,可有效防治1年生禾本科草以及几种阔叶杂草。需要在播种前将扑草灭充分混合,掺入5～8厘米深的土壤中,每667米^{2}用量为150～300克,并对水50～60升作地面喷雾,如天气干旱时可加用水量90升/667米^2。如果混合不充分,会导致土地裸露、苜蓿受伤或除草剂的浪费。将扑草灭施入土壤,并从两个不同的方向耕作土地。扑草灭会在短期内阻碍苜蓿生长,导致叶片伸展受阻。在寒冷、阴湿的条件下施用扑草灭时,施用频率较高时,或者混合不充分时,这种阻碍生长的现象更明显。如果在此之前的12个月内施用过阿特拉津,不要再施用扑草灭,否则会对植株造成严重伤害。如果将苜蓿与其他牧草作物混合播种,也不要施用扑草灭,否则这些牧草的幼苗会被扑草灭杀死。

(2)氟乐灵　也是一种在播种前施用的除草剂，可有效防治1年生禾本科草以及某些1年生阔叶杂草。氟乐灵对那些具有根茎的草类，如偃麦草，没有什么杀伤作用。氟乐灵必须掺入5～8厘米的土壤中，掺入时最多可以延迟24小时，如果能将其及时掺入土壤是最好的。氟乐灵每667米^{2}用量为37.4～75.4克有效成分，并对水4～30升喷洒在土地上，8小时内耙入土中，以防光解，灭草效果达95%。苜蓿与其他牧草作物混合播种时不要施用氟乐灵，否则这些牧草的幼苗会被氟乐灵杀死。在建议频率下施用氟乐灵一般不会对苜蓿造成伤害。

(3)溴苯腈　是一种在出苗后施用的接触性除草剂，对一般的阔叶杂草都有防治作用。在苜蓿长到多于4片复叶时，或杂草高度低于5厘米且叶片数不超过4片时，施用溴苯腈可达到最佳效果，每667米^{2}用量为25～37.5克有效成分，对水30升均匀喷洒。在田间作物较小、生长活跃时施用溴苯腈，可对防治藜科杂草起到一般到良好的效果。如果在施用溴苯腈之后的3天内温度超过21℃，会严重损伤苜蓿苗。对于遭受水分胁迫、虫害或其他不利伤害的苜蓿，不要施用溴苯腈。施用溴苯腈后的30天内，不要施肥或收获苜蓿。

(4)滴丁酸(2,4-DB)　是一种在出苗后施用的内吸性除草剂，可防治多种1年生阔叶杂草，但对一些较大的十字花科植物以及蓼科植物的防治作用较弱，并且对禾本科杂草无防治作用。滴丁酸除草剂可以抑制一些多年生阔叶杂草的生长。应该在杂草幼苗较小、生长活跃期施用72%或76%的滴丁酸乳油500～1000倍喷雾。正确的施用时间非常重要，因为滴丁酸对大型杂草的作用效果非常弱。施用滴丁酸后60天内的牧草不可刈割或放牧。

当田间对溴苯腈敏感的十字花科植物和蓼科植物以及对滴丁酸更加敏感的藜科植物出现时，可以将滴丁酸和溴苯腈混合施用，以增强杂草的防治效果。使用该方法处理的牧草在施用后的60

天内不能收获或施肥。

(5)草甘膦　对禾本科草以及阔叶杂草的防治范围较广,而转抗草甘膦基因苜蓿对草甘膦的耐受能力却较好。在转基因苜蓿群丛中,当杂草长至10～12厘米高时施用草甘膦,可达到较好的防治效果。建议在苜蓿长至3～4片复叶时施用草甘膦,每667米^{2}用10%水剂500～750克,对水20～30升喷雾,这样可以将没有抗性基因的小部分苜蓿淘汰掉,一般低于播种量的10%。通常来说,这两种情况出现时间一致,所以只要施用1次就够了。在施用草甘膦后的5天内,不可进行收获工作。

(6)稀禾定和烯草酮　是在出苗后施用的选择性内吸性除草剂,对大多数1年生禾草有防治作用,并抑制多年生杂草的生长,包括偃麦草。如要达到最佳效果,应选择在禾草生长旺盛的时候施用,每667米^{2}用20%乳油66.7～133.3毫升,对水20～40升茎叶喷雾。施用稀禾定后,如将苜蓿用作青贮,7天后可收获;如果用作干草,14天后可收获。烯草酮每667米^{2}用12%乳油5～40毫升或24%乳油28～40毫升。施用烯草酮后的15天内,无论将苜蓿用作干草、青贮饲料或是放牧,都不要收获。

可施用稀禾定和烯草酮来防治燕麦或小麦收获后田间冒出的幼苗。在这些作物幼苗长至10～15厘米,分蘖期开始前施用。稀禾定和烯草酮可以和滴丁酸混合施用到新播种苜蓿地中,这样可以防治混生的禾草与阔叶杂草,混合施用后,损失作物的可能性也会增大,因为油体浓缩,促进了滴丁酸的吸收。当与滴丁酸混合施用时,不要施用液肥或硫酸铵肥料。在施用后的60天内,苜蓿不可收获或放牧利用。这种混合除草剂施用起来难度较大,一般找不到很合适的施用时间,使其既能有效防治禾本科杂草又能防治阔叶杂草,因为同时施用时,并不一定是各种杂草的最佳防治时期。

(7)二甲戊灵　是一种在出苗前施用的除草剂,可有效防治种子较小的禾本科杂草与阔叶杂草，适用于那些1年生杂草较多的稀疏苜蓿群丛。在杂草出苗前、苜蓿未长至15厘米高时，将其施用于已建植的田间，每667米^{2}用33%二甲戊灵乳油200～300毫升，对水15～20升喷雾。该除草剂对冬性1年生杂草的防治效果不一，除非施用频率较高。根据已建植苜蓿群丛施用频率的不同，在施用除草剂后的28～50天不可收获植株。

(8)咪唑乙烟酸　可在苜蓿出苗并长至2片或更多的复叶，而大多数田间杂草长至3～7厘米时施用。咪唑乙烟酸可有效防治多种1年生禾本科草和阔叶杂草，并抑制某些多年生杂草的生长。咪唑乙烟酸可以与溴苯腈、滴丁酸或稀禾定混合使用。咪唑乙烟酸每667米^{2}用量为5～6.7克的有效成分，对水30～114升喷雾。施用之后，30天内不可放牧或收获，4个月内不可重新种植苜蓿。如果施用的混合除草剂中含有滴丁酸，施用后60天内不可放牧或收获。

(9)甲氧咪草烟　在化学性质和施用方法上与咪唑乙烟酸类似。当苜蓿长至2片或更多复叶，而田间杂草不足7厘米高时施用甲氧咪草烟，每667米^{2}用4%甲氧咪草烟水剂75～83毫升(有效成分3～3.32克)喷雾。与施用咪唑乙烟酸所防治的杂草范围一致，并对一般的灰菜和狐尾草属植物有更强的防治作用。施用甲氧咪草烟后，无须任何间隔期便可直接收获。

(10)林草净　对1年生及多年生杂草的防治较广，包括对偃麦草及蒲公英的较好防治效果。在施用林草净前，苜蓿群丛的建植年限应超过1年。在春天对休眠苜蓿施用林草净，或在再生苜蓿高度低于3～5厘米时施用。如将其施用于更高的苜蓿苗，会严重损伤苜蓿植株。根据杂草与土壤类型的不同确定施用频率，每667米^{2}用25%林草净水剂200～300毫升喷雾。施用后30天内不可用于放牧或饲养。施用后1年可种植玉米，而对于其他作物，包括紫花苜蓿，必须在2年后才能再次种植。

在秋季施用林草净可以防治某些杂草，尤其是冬性1年生杂草，但对蒲公英的防治效果不如春季施用好。由于苜蓿的越冬率具有不确定性，对于大多数区域而言，在秋季施用林草净具有一定风险。

四、苜蓿草地的利用年限

苜蓿为多年生豆科牧草，寿命很长。一般寿命长达20～30年，寿命最长的可达100年。苜蓿的产量随栽培年限的增加而有所不同。一般在无保护作物时，最高产量在第二年和第三年，第四年以后产量逐渐下降。有保护作物时，最高产量在第三年。

苜蓿需水量大，比1年生作物需要的水分多，多利用40～68毫米的土壤水分，多年连续种植会导致土壤干燥化，形成生物性土壤下伏干层，从而对陆地水分循环路径发生影响。因此，种植5～7年以后苜蓿草地须及时更新。

第四章　苜蓿的收获利用与加工调制

第一节　苜蓿的收获利用

一、苜蓿刈割

刈割是苜蓿产业化生产中非常关键的技术环节，主要包括刈割时间、刈割次数和留茬高度 3 个方面。苜蓿刈割不仅关系到收获当年苜蓿的产草量和质量，而且也影响翌年苜蓿草地的持久性和产草量。在苜蓿产业化生产过程中，自然气候、地形地貌、土壤类型、栽培技术及刈割措施等因素均对苜蓿草地的持久性、干草产量和质量有重要影响。其中，根据当地的自然条件和苜蓿草地的发育状况，适时刈割是获得优质干草的前提条件。

（一）刈割时间

适时收获苜蓿，叶多质优，营养价值高。苜蓿的适宜刈割时间为初花期，即 20%植株开花。若刈割过早，虽饲用价值高，但产草量低；若刈割过迟，虽产草量高，但品质下降明显（表 4-1）。秋季最后一次刈割应在早霜来临前 1 个月进行，过迟会降低根和根颈中碳水化合物的贮藏量，对越冬和第二年春季生长不利。

表 4-1　苜蓿不同生育时期的营养价值　（%）

生育期	粗蛋白质	酸性洗涤纤维含量	中性洗涤纤维含量
营养期	22	28	38
现蕾期	20	30	40

续表 4-1

生育期	粗蛋白质	酸性洗涤纤维含量	中性洗涤纤维含量
初花期	18	33	43
盛花期	16	41	53
结荚期	14	43	56

(二)刈割次数

刈割次数也称为刈割频次。我国苜蓿各种植区,因气候、土壤、品种特性及管理水平的不同,各苜蓿地每年的刈割次数也有所不同。一般水热条件较好、无霜期较长、管理水平较高的地区刈割次数多,而气候恶劣、水热条件差、无霜期短、管理粗放的地区刈割次数则少。我国河北、河南、山东等一年两熟地区每年可刈割 4 次,有的地区 1 年可刈割 5 次;内蒙古、甘肃、宁夏等一年一熟地区,每年可刈割 3～4 次。

(三)留茬高度

苜蓿刈割留茬高度对于收获苜蓿的产量和质量及苜蓿再生性能具有很大影响。因此,适宜的刈割留茬高度应根据苜蓿的品种特性、自然条件、管理水平及刈割次数等综合确定。一般刈割留茬高度以 6～8 厘米为宜。若留茬过低(<5 厘米),虽可获得较高产量,但连续低茬刈割会减少苜蓿的利用年限。最后一次刈割宜留茬 10 厘米以上,保留较多残茬增加土壤覆盖,以利保留积雪,保持土壤水分,减少冬春土壤水分流失。

二、苜蓿利用技术

苜蓿作为家畜饲用植物,产量高、质量好,是各类家畜良好的蛋白质饲草,其茎秆细嫩,茎叶比较少,叶量多,适口性好,消化率高,含水分少。其利用方式主要有以下几种。

(一)放牧利用

研究发现,苜蓿草地连续两年早春放牧,对其寿命和生活力影响不大。温度是影响苜蓿早春生长和发育的主要因素,春季气温通常较低,苜蓿更耐牧。春季土壤温度与含水量,对维持苜蓿草丛的持久性也比夏季更有利。因此,苜蓿草地放牧应在春季营养生长后期进行。秋季苜蓿根及根颈需要贮藏营养物质,以备越冬,故停止放牧的时间不应过迟,一般应在苜蓿停止生长前的 1 个月结束放牧。放牧时,7～10 天的放牧期后,有 30～40 天的休牧期(恢复生长阶段)。因此,划区轮牧时,第一个小区开始放牧的时间要早于初花期收获干草的时间。

苜蓿草地的存活率与放牧强度有关,这包括家畜的放牧率、放牧间隔时间等因素。在澳大利亚新南威尔士州的研究表明,当放牧率在 8～21 只母羊/公顷的范围内变动时,在放牧率超过 12 只母羊/公顷时,苜蓿草丛的存活率就开始大大下降。强度放牧会导致草地过早的衰退;而利用过轻,则使苜蓿叶茎比率上升,苜蓿易发生倒伏,又会使苜蓿草地的质量下降。因此,在实践中应根据放牧时的气候、苜蓿生长状况和家畜营养需求,随时调整苜蓿草地的载畜量。

值得注意的是,由于放牧利用方式不能限制家畜的采食行为和采食量,常有家畜过食苜蓿后腹胀死亡。因为苜蓿鲜草中含有可溶性蛋白质和皂素,在反刍家畜反刍过程中会使这些泡沫剂在瘤胃中发酵产生气泡形成大量持久性泡沫,从而妨碍瘤胃中二氧化碳、甲烷等气体的排出,导致反刍家畜发生臌胀病,严重的可能会发生瘤胃破裂内出血而死亡。因此,在利用苜蓿放牧时应注意:①尽可能避免空腹放牧,在放牧前给家畜饲喂禾秆、干草或青贮等纤维类饲草料,避免在恶劣的天气条件下放牧;②避免利用单一苜蓿草地，建立混播草地，增加禾本科牧草的比例；③为反刍家畜提供防止臌胀病的舔砖，其表面活性剂能减少泡沫的形成；④采用放牧时间逐渐增加的方法，使家畜逐步适应；或是减少一次采食量；⑤选择低皂素苜蓿品种，也可减少放牧时臌胀病的发生。

（二）青饲利用

青饲，就是将苜蓿从田间收割回去后，用铡刀铡短成 10 厘米左右的节，与其他牧草混合饲喂或者单独饲喂。用青苜蓿喂奶牛，泌乳量高，乳汁好，成年泌乳母牛每天饲喂 20～30 千克，青年奶牛 10～15 千克，肉牛 20～25 千克。切短的青苜蓿可以与青贮玉米、秸秆、糠等混合饲喂耕牛，既可以节省一部分精料，又能促使耕牛发育健壮。青饲的另一种方式是打浆饲喂，苜蓿的纤维素含量多，整株或切短后打浆喂猪，可以节省猪的饲料，与其他饲料如糠、麸皮混合饲喂效果更好。

由于苜蓿茎叶中含有大量的皂苷，青饲反刍家畜时，在瘤胃内易形成大量泡沫，阻止嗳气排出，造成家畜发生臌胀病。因此，在给家畜饲喂新鲜苜蓿时需注意：①避免家畜饥饿时自由采食苜蓿鲜草；②青饲前饲喂干草或青贮饲料。

（三）饲喂利用

1. 家禽　苜蓿富含叶黄素，饲喂家禽可加深蛋黄的颜色，能显著降低蛋黄中的胆固醇含量，提高蛋鸡质量，还可提高家禽的繁殖力。饲喂肉鸡可增加皮肤色素的沉着，能生产出更高品质和健康的鸡肉和鸡蛋。表 4-2 是苜蓿在各种家禽饲料中的添加量。

表 4-2　苜蓿饲喂利用

家禽种类	阶　段	苜蓿添加量(%)
蛋用鸡	0～6 周 7 周至产蛋鸡	1.0～2.5 2.0～5.0
肉种鸡	0～6 周 7～20 周 产蛋期	2.5～6.0 4.0～7.0 3.0～5.0
肉仔鸡	全　程 育　肥	1.5～2.0 2.5
火　鸡	育肥、产蛋期	5.0～25.0
蛋用鸡	育　成 产　蛋	2.0～4.0 3.0～5.0
肉用鸡	前　期 后　期	2.0～5.0 2.0
鹌　鹑	全　程	2.0

2. 猪　在繁殖母猪的日粮中添加 5%脱水苜蓿，能够提高排卵率，出生的仔猪数量和成活率都会大大提高。在育肥猪和仔猪的日粮中添加苜蓿粉时，一般不能超过 5%和 10%，否则会降低育肥猪或仔猪生长的速度。

3. 绵羊　用脱水苜蓿粉代替全株带穗玉米饲喂羔羊，如果含氮量保持相同，羔羊的日增重会提高 75%。采食苜蓿的羔羊具有较高的胴体重、较大的眼肌和较高的屠宰率。

4. 奶牛　在日粮中加入苜蓿用于饲喂奶牛，能提高牛奶产量。若将苜蓿与尿素合理地配合使用，可以完全替代牛日粮中常使用的大豆。脱水苜蓿富含维生素 E，可以有效地控制牛奶香味物质被氧化。奶牛的繁殖需要胡萝卜素，而苜蓿恰好富含 β-胡萝卜素。用苜蓿制成的叶蛋白浓缩物，可以用来替代乳品配方中50%脱脂乳或酪蛋白。因此，用苜蓿饲喂奶牛，是植物蛋白转化为牛奶蛋白的最理想的技术途径。

第二节　苜蓿的加工调制

一、苜蓿干草调制

刚收割的青绿苜蓿称为鲜草，鲜草的含水量大多在50%～85%，鲜草经过一定时间的晾晒或人工干燥，水分达到18%以下时，即成为干草。这些干草在干燥后仍保持一定的青绿颜色，因此也称青干草。优质干草含有家畜所必需的营养物质，是磷、钙、维生素的重要来源，干草中含蛋白质14%～20%、可消化碳水化合物40%～60%，能基本满足奶牛的营养需要。

苜蓿干草调制包括刈割、晾晒、搂草、捡拾、压捆、贮藏等过程。调制的每个环节应采取科学有效的方法，减少不良因素对苜蓿干草品质的影响。

（一）刈　割

处于收割期的苜蓿草含水量为75%～85%，其活性蛋白质及维生素约占干物质重量的25%，营养十分丰富。苜蓿一般在现蕾期或初花期进行收割。若刈割区遇多雨季节可适当调整刈割期，保证刈割后有36～48小时的田间风干时间。阴天可全天刈割，但应避免苜蓿叶片在很潮湿的情况下刈割。如天气晴朗，刈割作业时间宜在下午6时至夜间12时进行；傍晚刈割同早上刈割相比，苜蓿的相对饲用价值高10%，因为植物通常在白天将阳光转化为糖以淀粉的形式存储起来，经过1天日晒后，傍晚植物的糖分含量会达到巅峰。

(二)干　燥

常见的苜蓿干草加工调制方法有自然干燥法和人工干燥法。

1. 自然干燥法　把收割的苜蓿草在地面铺成10～15厘米厚的草层,含水量至50%左右时集成小垄或小堆继续干燥,经2～3天可达到完全干燥。苜蓿的茎和叶的蛋白质含量差别很大,叶是茎的2倍,自然干燥过程中,叶比茎的干燥速度快得多。当叶已达到安全水分时,茎的含水量还很高,只要轻微移动就会造成严重的落叶损失,这是苜蓿草自然干燥造成蛋白质含量急剧减少的原因之一。苜蓿叶片开始脱落的时间是在叶含水量为26%～28%时,整株含水量则在35%～40%。晾晒时利用晚间、早晨翻晒1次,此时叶片坚韧,干物质损失少,既能加速苜蓿干燥速度,又能使苜蓿鲜泽、留叶率高。当含水量在20%以下时,即可打捆作业。同时,为最大限度保存叶片以减少苜蓿干草营养物质损失,还可采取高水分(整株含水量40%～45%时)打捆。

2. 人工干燥法　人工干燥是利用干燥设备来干燥苜蓿,该方法缩短了干燥时间,克服了对天气条件的依赖。此方法通常采用高温快速烘干机,烘干温度可达500℃～1 000℃,苜蓿干燥时间仅3～5分钟,但烘干成本较高。采用高温烘干后的干草,其杂草种子、虫卵及有害杂菌全部被杀死,有利长期保存。国内售价苜蓿草蛋白质含量每增加1个百分点,增值5%～8%,机械烘干较自然晾晒蛋白质含量高5个百分点,可增值25%～40%,去掉烘干成本6%～8%,还较自然晾晒增值19%～32%。特别是雨季,无烘干设备将造成霉烂,霉烂造成损失达30%～50%。有人认为,我国草业应在开发高品位、低能耗的产品上下功夫,以适应国际市场需求,只有这样才能增大产品的利润空间,使我国草业走上健康发展的轨道。因此,高温快速干燥已被业内人士所重视。

图 4-1　苜蓿刈割压扁摊晒

3. 其他加速苜蓿干燥法

(1)压裂苜蓿茎秆　苜蓿干燥时间长短主要取决于茎秆干燥所需时间,叶片的干燥速度比茎秆快得多,常用割草压扁机(图 4-1),将茎秆压裂,消除茎秆角质层和纤维素对水分蒸发的阻碍,加快茎中水分蒸发的速度,尽快使茎秆与叶片的干燥速度同步。压裂茎秆干燥牧草的时间比不压裂干燥缩短 30%～50%,可减少呼吸作用、光化学作用和酶的活动时间,从而减少苜蓿营养损失,但压扁可以使细胞破裂而导致细胞液渗出最终致使营养损失。机械方法压扁茎秆对初次刈割苜蓿的干燥速度影响较大,而对再次刈割的苜蓿的干燥速度影响不大。干草捆采用压扁割晒,并于含水量 22%时打捆,同时采用生物干草保护剂处理,可减少叶片脱落等损失 30%～35%,减少营养损失近 50%。

(2)干燥剂干燥　一般认为,干燥剂改变了苜蓿角质层的结构或溶解了植株体表的蜡质层,可促进水分的散失,缩短田间干燥的时间,降低营养物质的损失。

将一些碱金属盐的溶液喷洒到苜蓿上,经过一定化学反应使草茎表皮角质层破坏,加快苜蓿草株体内水分散失,此种方法不仅可以减少干燥中叶片的损失，还可以提高干草营养物质的消化率。常用干燥剂有氯化钾、碳酸钾、碳酸钠、碳酸氢钠等。美国和澳大利亚长期研究改进调制干草技术，旨在减少调制时间，减少干燥中营养损失，减少不利天气制约。澳大利亚的田间试验，在刈割的苜蓿草垄中喷洒2%碳酸钾溶液，干燥速度比压扁茎快43%，后来改进为苜蓿压扁收割前喷洒2%碳酸钾溶液，可起到良好的干燥效果。优点是加快干燥时间1～2天，降低产量总损失量13%～22%。较好保存叶、嫩枝、胡萝卜素，明显改善饲草品质。碳酸钾溶液调制的草适口性良好。美国用碳酸钠、硅酸钠、丙酸钠等配成的混合液，加快了干燥速度和喷洒效果。密执安大学研究人员试验表明，使用2.8%碳酸钾溶液得到的效果最好，并且刈割压扁时使用化学药剂直接喷洒苜蓿，对加快干燥速度效果最好。这些都值得我们借鉴。

苜蓿在常规干燥中的养分损失率是很大的。据研究，总营养损失约20%，可消化粗蛋白质损失约30%。干燥中机械损失最大，可达15%～20%(因叶片脱落)，其次呼吸作用10%～15%，酶作用5%～10%，最后是雨淋，损失5%。日光光化作用，造成胡萝卜素损失大，日晒1天，损失达96%。另外，干草一半以上的损失是在贮藏过程中发生的，由贮藏引起的干物质损失约为5%，以胡萝卜素下降最快。美国研究人员发现，露天堆垛7个月后草中粗蛋白质、胡萝卜素急剧下降，而打成草捆则营养物质变化不明显。

(3)双草垄速干法　割草后稍微干燥一下，即用搂草机搂成双行的小草垄。经过一定程度干燥后，再用左右两组联挂的侧向搂草机把两行草垄合为一行。这样可使牧草在草垄中比较疏松，有利于空气流通。此法适于在产草量中等(2 000～3 000千克/公顷)的割草场应用。

(4)苜蓿与作物秸秆分层压扁法　又称秸秆碾青法。苜蓿适时刈割，先把麦秸或稻草铺成平面，厚约10厘米，中间铺鲜苜蓿

10 厘米,上面再加一层麦秸或稻草;然后用轻型拖拉机或其他镇压器进行碾压,使苜蓿草的绝大部分水分被麦秸或稻草吸收为止;最后晾晒风干、堆垛,垛顶抹泥防雨。此方法调制的苜蓿干草呈绿色,品质好,同时还提高了麦秸和稻草的营养价值。适于小面积高产豆科牧草的调制。

原苏联将苜蓿与无芒雀麦混播牧草适期刈割制成的干草,贮藏 90 天后的营养成分见表 4-3。

表 4-3 不同方法处理的苜蓿与无芒雀麦混播牧草干草的营养成分

处 理	干物质(%)	粗蛋白质(%)	粗纤维(%)	糖(%)	胡萝卜素(毫克/千克)
田间干燥	81.9	9.2	30.0	1.8	18
压 捆	82.0	13.5	27.1	3.6	60
破 碎	81.9	13.1	27.8	3.8	58

由上表可以看出,压捆和破碎干草的可消化营养物质比散晒干草高 8%～10%。调制破碎干草不仅可提高饲料品质,而且能改善其加工性能。

(三)搂草、翻晒

刈割后的草条就地晾晒,期间用摊晒或搂草机翻晒 1～3 次,最后一次翻晒应在茎秆含水量不低于 50%时进行。当含水量降至 45%～55%时,集成草垄,继续晾晒至含水量达到干燥要求。草垄应连续、均匀,保持直线,以利于保证打捆作业效率。在保证干燥质量的情况下,应尽可能减少翻晒次数,翻动次数愈多,干燥愈均匀,但叶片损失随之增加。

晾晒时间要尽量短,时间过长会造成蛋白质损失,晾晒 72 小时与 36 小时相比,捡拾打捆过程中叶片损失明显增加。另外,在烈日下暴晒时间过长，不仅造成幼嫩茎叶脱落，光化学作用也会破坏叶绿素与维生素。因此，应尽量在早晨或傍晚进行翻晒、集垄作业，尽快完成干燥过程（图 4-2）。

1. 刈割　2. 摊晒　3. 集草　4. 草条　5. 打捆　6. 草捆

图 4-2　苜蓿干草调制流程

（四）打　捆

草捆生产是近几十年来发展的，也是先进的干草生产方式。目前，发达国家的苜蓿干草基本上都进行打捆生产，已经成为美国、加拿大等国家的一项重要产业。

打捆后的苜蓿干草，运输方便，容易贮藏，干物质损失少。草捆是苜蓿商品草的主要产品类型，按外形尺寸分为小方捆、大方捆和大圆捆。小方捆最为普遍，适宜于产草量较低，草地面积较小并且分布零散的地区，既可直接在田间饲喂家畜，也可以运到圈舍喂养。其高为 30～43 厘米，宽 40～60 厘米，长 50～120 厘米。大方捆适宜于奶牛场采用，高、宽各为 110～150 厘米，长 200～280 厘米。大圆捆制作时将捡拾起的干草一层层地卷在草捆上，田间存放时有利于雨水的疏散。草捆一经制成，就能抵御不良气候的侵害，可在野外较长时间存放。其直径为 100～180 厘米，长 100～170 厘米。常规草捆密度为 100～250 千克/米^3；高密度草捆密度为 250～400 千克/米^3，减少了贮存空间，节约了运输成本。

确定打捆时间的关键是掌握好苜蓿含水量。水分过低，干草损失多；水分过多，牧草发热腐败。苜蓿干草打捆的最佳含水量为 18%～20%。打捆作业一般在刈割后 1～2 天开始，与搂草作业相反，打捆作业需要避开早、晚时段，选在上午 9 时至下午 5 时为宜，且需将打好的草捆及时贮藏。

二次打捆是在远距离运输草捆时，为了减少草捆体积、降低运输成本，把初次打成的小方草捆压实压紧的过程。二次压捆后苜蓿草捆密度由原来的 100～250 千克/米^3 提高到 250～480 千克/米^3，乃至 600 千克/米^3 以上；草捆体积也可减少到原来的一半，减少了装载和贮存空间，降低了运输成本。在国际贸易中，二次压捆后的草捆尺寸更适宜集装箱装填。一般将 2～3 个低密度方草捆二次压缩成一个高密度草捆，重量在 25～35 千克，长、宽、高多在 40～50 厘米，每小时可生产 40～100 捆。二次压捆后的草捆长度、密度可在一定范围内调整(图 4-3)。

高密度打捆机—草 捆

高密度打捆机—散 草

图 4-3　苜蓿草二次加压压捆机

(五)贮　藏

干草贮藏是牧草生产中的重要环节,可保证一年四季(或丰年,或歉年)干草的均衡供应,保持干草较高的营养价值,减少微生物对干草的分解作用。不同贮存方式及时间会影响苜蓿草捆的干物质量(表 4-4)。贮存良好的苜蓿干草保持青绿色,营养物质损失少。露天存放苜蓿草捆 9 个月时,干物质损失达 5%～20%。

表 4-4　苜蓿草捆贮存后干物质损失率　(%)

贮存方式	贮存 9 个月	贮存 12～18 个月
仓　库	<2	2～5
简易草棚	2～5	3～10
防雨布苫盖	3～10	10～15
露天存放不苫盖	5～20	15～50

大圆草捆重量大,搬运不方便,占用空间多,多采用露天贮存的方式,草捆堆垛时,横着放置,以减少风吹和雨淋。草垛之间要留有过道。堆放好后,用塑料布或防雨布覆盖。

仓库贮藏是最好的存放方式,贮存的苜蓿干草保持绿色,营养物质损失最少。用于销售的苜蓿干草常常在仓库贮藏。小方捆、大方捆在仓库存放时,堆垛要紧实、整齐,捆草的一边对着过道。

短期贮存可用简易草棚(图 4-4),长期贮存宜用仓库,草垛顶部应与草棚、仓库屋顶保持不小于 1 米的距离,以便通风散热。露天存放时,草垛底部应采取防潮措施,在主风向的一边可用雨布覆盖,草捆两端应避开主风向和过道。

图 4-4 苜蓿草捆草棚堆垛

(六)苜蓿干草的品质鉴定

干草的品质鉴定分为化学分析与感官判断两种。

1. 化学分析 化学分析也就是实验室鉴定,包括水分、干物质、粗蛋白质、粗脂肪、中性洗涤纤维、酸性洗涤纤维、无氮浸出物、粗灰分及维生素、矿物质含量的测定,各种营养物质消化率的测定以及有毒有害物质的测定。

2. 感官判断 生产中常用感官判断,它主要依据下列几个方面对干草品质做出鉴定。

(1)颜色气味 干草的颜色是反映品质优劣最明显的标志。优质苜蓿干草呈深绿色,绿色越深,其营养物质损失就越小,所含可溶性营养物质、胡萝卜素及其他维生素越多,品质越好(表 4-5)。适时刈割的干草都具有浓厚的芳香气味,这种香味能刺激家畜的食欲，增加适口性，如果干草有霉味或焦灼的气味，说明其品质不佳。

表 4-5　干草颜色感官判断标准

品种等级	颜　色	养分保存	饲用价值	分析与说明
优　良	鲜　绿	完　好	优	刈割适时，调制顺利，保存完好
良　好	淡　绿	损失小	良	调制贮存基本合理，无淋雨、霉变
次　等	黄　褐	损失严重	差	刈割晚，受雨淋、高温发酵
劣　等	略　褐	霉　变	不宜饲用	调制、贮存均不合理

（2）叶片含量　苜蓿干草中叶量的多少，是确定干草品质的重要指标，叶量越多，营养价值越高，质量越好。鉴定时取一束干草，看叶量的多少，优质苜蓿干草的叶量应占干草总重量的 30%～40%。

（3）组成　优质苜蓿干草中杂草含量不超过 8%。杂草数量越多，质量越差。因此，苜蓿地要中耕除草或用除草剂灭杀杂草，尤其在苜蓿苗期和夏季雨水多时更要注意防止杂草危害。

（4）含水量　苜蓿干草的含水量应为 14%～17%，含水量 20%以上时，不利于贮藏。

（5）病虫害情况　由病虫侵害过的牧草调制成的干草，其营养价值较低，且不利于家畜健康。所以，苜蓿干草中尽量不含有病虫害侵染过的植物。

3. 根据消化率及营养成分评定　苜蓿干草质量应根据消化率及营养成分含量来评定，其中粗蛋白质、维生素 A、中性洗涤纤维、酸性洗涤纤维是评价干草品质的重要指标。粗蛋白质含量是评价苜蓿干草品质最重要的标准之一。表 4-6 是我国饲用苜蓿干草捆质量分级标准。

表 4-6　我国苜蓿干草捆质量分级标准

质量等级	粗蛋白质%（干物质）	中性洗涤纤维%（干物质）	杂类草含量	粗灰分	水　分
特级	≥22.0	<34.0	<3.0	<12.5	≤14.0
一级	20.0～22.0	34.0～36.0	3.0～5.0	<12.5	≤14.0
二级	18.0～20.0	36.0～40.0	5.0～8.0	<12.5	≤14.0
三级	16.0～18.0	40.0～44.0	8.0～12.0	<12.5	≤14.0

美国苜蓿干草质量以粗蛋白质(CP)、中性洗涤纤维(NDF)、酸性洗涤纤维(ADF)、干物质采食量(DMI)和相对饲喂价值(RFV)作为分级指标，划分成 6 个质量等级(表 4-7)。

表 4-7　美国苜蓿干草质量分级标准

质量等级	粗蛋白质%（干物质）	酸性洗涤纤维%（干物质）	中性洗涤纤维%（干物质）	可消化干物质%	干物质采食量%（饲养家畜体重）	相对饲喂价值
特级	>19	<31	<40	>65	>3.0	>151
一级	17～19	31～35	40～46	62～65	3.0～2.6	151～125
二级	14～16	36～40	47～53	58～61	2.5～2.3	124～103
三级	11～13	41～42	54～60	56～57	2.2～2.0	102～87
四级	8～10	45～43	61～65	53～55	1.9～1.8	86～75
五级	<8	>45	>65	<53	<1.8	<75

(七)苜蓿干草的饲喂效果

苜蓿干草是优质的牧草，牛、羊、马、猪、鸡、兔等畜禽均可食用。目前，苜蓿干草是高产奶牛不可缺少的日粮。美国高产奶牛、肉牛日粮中最重要的蛋白质来源是苜蓿干草。我国专家(李胜利)

用苜蓿干草替代鲁梅克斯，奶牛产奶量提高，经济效益明显。对奶牛来说，有效利用苜蓿的方法是与玉米青贮相结合。呼图壁种牛场，2000 年奶牛平均年产奶量达 9 503.3 千克，主要经验是优畜优草，常年供应奶牛苜蓿干草和玉米青贮料。有报道称，奶牛日粮粗蛋白质的 60%可由苜蓿提供，奶牛混合精料的 40%～50%可用苜蓿草粉顶替。高产奶牛苜蓿日喂量可达到 9 千克（苜蓿干草 4～5 千克+草粉 4～5 千克）或苜蓿青贮料 7～9 千克。若高产奶牛的苜蓿喂量达到此水平，每头日产奶量可增加 4～6 千克，每头年单产可提高 1 200～1 800 千克，投入产出比可达到 1∶3。

二、苜蓿青贮调制

青贮是把原料装入青贮窖或塑料袋内，在厌氧的条件下，利用微生物的发酵作用，长期保存青绿多汁饲料的营养，扩大饲料来源的一种简单、可靠而又经济的方法，是保证常年均衡供应家畜青绿多汁饲料的有效措施。

（一）设施青贮

1. 青贮窖 青贮窖（图 4-5-1）是我国广大农村应用最普遍的青贮设施。按照窖的形状，可分为圆形和长方形两种。在地势低平、地下水位较高的地方，建造地下式窖易积水，可建造半地下、半地上式窖。圆形窖占地面积小，圆筒形的容积比同等尺寸的长方形窖要大，装填原料多。但圆形窖开窖喂用时，需将窖顶泥土全部揭开，窖口大，不易管理；取料时，需逐层取用，若用量少，冬季表层易结冻，夏季易霉变。长方形窖适于小规模养殖户采用，开窖从一端启用，先挖开 1～1.5 米长，从上向下，逐层取用，这一段饲料喂完后，再开一段，便于管理。但长方形窖占地面积较大。无论圆形窖或长方形窖，都应用砖、石、水泥建造，建成永久性青贮窖，窖壁用水泥抹面，以减少青贮饲料水分被窖壁吸收。窖底只用砖铺地面，不抹水泥，以便使多余水分渗漏。圆形窖的直径 2～4 米，深 3～5 米，窖壁要光滑。长方形窖宽 1.5～3 米，深 2.5～4 米，长度根据需要而定。长度超过 5 米以上时，每隔 4 米砌一横墙，以加固窖壁，防止砖、石倒塌。使用土窖青贮时，四周要铺垫塑料薄膜。第二年再使用时，要清除上年残留的饲料及泥土，铲去窖壁旧土层，以防杂菌污染。

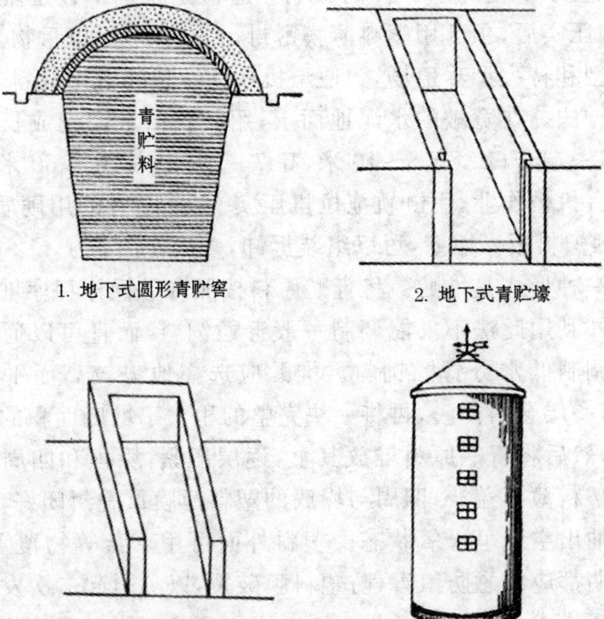

1. 地下式圆形青贮窖　2. 地下式青贮壕　3. 地上式青贮窖　4. 青贮塔

图 4-5　青贮设施

资料来源：《饲草生产学》，南京农学院主编，1980

2. 青贮壕　青贮壕（图 4-5-2）是大型的壕沟式青贮设施，适用于大规模养殖场。此类建筑最好选择在地方宽敞、地势高燥或有斜坡的地方，开口在低处，以便夏季排出雨水。青贮壕一般宽4～6米(便于链轨拖拉机压实)，深5～7米，地上至少2～3米，长20～40米，必须用砖、石、水泥建筑为永久窖。青贮壕是三面砌墙，地势低的一端敞开，以便车辆运取饲料。

3. 地面青贮　在地下水位较高的地方，可采用地面青贮。常用的砖壁结构的地上青贮窖(图4-5-3)，壁高2～3米，顶部呈隆起状，以免受季节性降水(雪)的影响。通常是将饲草逐层堆积在窖内，装满压实后，顶部用塑料薄膜密封，并在其上压以重物。

大型和特大型养殖场，为便于机械化装填和取用饲料，采用地面青贮方法。在宽敞的水泥地面上，用砖、石、水泥砌成长方形三面墙壁，一端开口。宽8～10米，高7～12米，长40～50米。可以同时多台机械作业，用链轨拖拉机压实。另外，有的用硬质厚2～3厘米的塑料板做墙壁，可以组装拆卸，多次使用。

另一种形式是堆贮。将青贮原料按照青贮操作程序堆积于地面。国外利用此法不仅能调制一般青贮饲料，而且可以通过抽气的方式调制低水分青贮饲料。堆贮应选择地势较高而平坦的地块，先铺一层塑料薄膜，再将一块完整的稍大于堆底面积的塑料薄膜铺好，然后将青贮原料堆放其上，逐层压紧，垛顶和四周用一块完整的塑料薄膜盖严，四周与垛底的塑料薄膜重叠封闭好，然后用真空泵抽出空气呈厌氧状态。塑料外面可用草苫等物覆盖保护。在贮放期都应注意防鼠害，防塑料膜破裂，以免引起二次发酵。

4. 青贮塔　青贮塔(图4-5-4)适用于机械化水平较高、饲养规模较大、经济条件较好的养殖场，为专业技术设计和施工的砖、石、水泥结构的永久性建筑。塔直径4～6米，高13～15米，塔顶有防雨设备。塔身一侧每隔2～3米留一个60厘米×60厘米的窗口，装料时关闭，用完后开启。原料由机械吹入塔顶落下，塔内有专人踩实。饲料由塔底层取料口取出。青贮塔封闭严实，原料下沉紧密，发酵充分，青贮质量较高。

5. 塑料袋青贮　近年来随着塑料工业的发展，一些养殖场采用质量较好的塑料薄膜制成袋，装填青贮饲料，袋口扎紧，堆放在畜舍内，使用很方便。小型袋宽一般为50厘米，长80～120厘米，每袋装40～50千克。"袋式青贮"技术，特别适合于苜蓿、玉米秸秆、高粱等的大批量青贮。该技术是将饲草切碎后，采用袋式灌装机械将饲草高密度地装入由塑料拉伸膜制成的专用青贮袋，在厌氧条件下实现青贮。此技术可青贮含水率高达60%～65%的饲草。33米长的青贮袋可灌装近100吨饲草。灌装机灌装速度可高达60～90吨/小时。

除了使用扎口式的塑料袋青贮，"小型裹包青贮"技术也是国外使用较多的一种青贮方式，它是将收割好的新鲜苜蓿、玉米秸秆、稻草等各种青绿植物揉碎后，用打捆机高密度压实打捆，然后用裹包机把打好的草捆用青贮塑料拉伸膜裹包起来，创造一个最佳的密封、厌氧发酵环境，3～6周完成乳酸型自然发酵的生物化学过程。

这两项新技术较传统窖贮技术有如下优点：①青贮饲料质量好、粗蛋白质含量高，消化率高，适口性好；②损失浪费极少，霉变损失、流液损失和饲喂损失可减少20%～30%；保存期长，可达1～2年；③不受季节、日晒、降雨和地下水位的影响，可在露天堆放；④贮存、取饲方便；⑤节省了建窖、维修费用、建窖占用的土地和劳力。但是，小型塑料袋贮量小，成本高，易受鼠害，故在我国应用较少，而大型塑料袋青贮技术不存在这些问题，我国目前正在逐步推广这一技术。

（二）常规青贮

1. 适时收割　青贮料收割时应当是营养物质收获量最高、水分含量适当的时期。一般苜蓿宜在现蕾至开花期收割，随收随贮。

2. 调节水分　适时收割苜蓿时，其含水量通常为75%～80%

或更高。要调制出优质青贮饲料,必须调节含水量。水分过多,青贮前应晾晒凋萎,使其水分含量达到要求后再行青贮。有些情况下,如雨水多的地区,通过晾晒无法达到合适水分含量,可以采用混合青贮的方法,以期达到适宜的水分含量。

3. 切碎和装填　原料的切断和压裂是促进青贮发酵的重要措施。切碎的优点:装填原料容易,青贮窖内可容纳较多原料(干物质),并且节省时间;改善作业效率,节约踩压的时间;易于排除青贮窖内的空气,尽早进入密封状态,阻止植物呼吸,形成厌氧条件,减少养分损失;使用添加剂时,能均匀撒在原料中。

4. 压实　切碎的原料在青贮设施中都要装匀和压实,而且压得越实越好,尤其是靠近壁和角的地方不能留有空隙,以减少空气,利于乳酸菌的繁殖和抑制好气性微生物的活力。

5. 密封与管理　原料装填压实之后,应立即密封和覆盖。其目的是隔绝空气与原料接触,并防止雨水进入。

(三)半干青贮

半干青贮又叫低水分青贮,含水量在45%～60%。

1. 半干青贮饲料的特点　半干青贮饲料特点介于青干草和青贮饲料两者之间,其优点:①发酵品质良好。优质青贮饲料的标准是乳酸含量占总酸的比例大,而且酪酸和氨态氮生成量少。半干青贮饲料中几乎不存在酪酸,并且氨态氮含量极少。因此,半干青贮可避免高水分牧草青贮时发生的腐败现象,能获得品质优良的青贮饲料。②饲料的可消化营养物质含量高,可提高家畜生产性能。以青贮饲料为主要饲料饲养奶牛时,半干青贮饲料的养分供给量明显高于普通青贮饲料。多数试验表明,半干青贮的增重效果比普通青贮要好,产奶量也较高。③家畜对半干青贮饲料的干物质摄取量大。在自由采食的条件下,一头牛1天对高水分青贮饲料的摄取量只有8千克左右,而半干青贮饲料的摄取量则高达 11～12 千克，如果换算成鲜草，高水分青贮为 50 千克，而半干青贮饲料为 73～81 千克。④半干青贮饲料的利用效率比高水分青贮饲料高。高水分青贮饲料表层发霉，且含有酪酸，所以适口性差，易于引起残留现象。⑤可以避免营养物质的流失。水分过多时，流出的干物质损失超过 10%，由于流出物中含有可溶性碳水化合物、有机酸、矿物质和可溶性含氮化合物等极易被家畜消化的成分，营养价值较差的纤维素比例增加。青贮之前采取凋萎措施便可减轻营养物质的流出损失，当调节水分含量降至 60%左右时，几乎不存在流出损失。⑥运输效率高。原料含水量与运输作业效率有关，刈割后的牧草从田间运到青贮窖周围以及把完成发酵过程的青贮饲料从青贮窖中取出后运到饲料供给场的整个过程中，所产生的工作效率比普通青贮高。通过半干青贮使青贮作业效率成倍增加。从水分含量与发酵品质、饲料价值、利用效率、作业效率和饲养效果等的关系中可看出含水量在 60%左右的半干青贮效果最佳。

2. 半干青贮的基本原理 ①青贮原料收割后，经风干晾晒，含水量降至 45%～60%，此时植物细胞汁液渗透压增加，接近于生理干旱状态。好气性霉菌和腐败菌的活动受到抑制。②高度厌氧，阻止了喜高水分梭菌的活动，阻碍了酪酸的产生和蛋白质的分解。其结果是在有机酸形成量少和 pH 值相对较高条件下也能获得品质优良的青贮饲料。目前，使用较多的是草捆青贮、高压装袋青贮和真空青贮等。

3. 半干青贮的发酵过程 ①好气性发酵期。与高水分青贮相比，半干青贮的好气性发酵期长。通过凋萎使其含水量降至 45%～60%时，原料呼吸强度要明显弱于新鲜原料，因此形成厌氧状态之前好气性细菌的生长繁殖期长，导致青贮窖内温度升高，从而发酵初期半干青贮发酵温度通常高于高水分青贮。②半干青贮乳酸发酵期。装填原料 3～7 天之后，经过植物呼吸和好气性细菌的繁殖，青贮窖内的氧气被耗尽，进入厌氧状态，乳酸菌开始繁殖。乳酸菌利用原料中的可溶性糖产生酸，使 pH 值下降。乳酸发酵期可持续到装填原料之后 7～20 天。③发酵稳定期。半干青贮贮藏初期乳酸发酵缓慢，并且乳酸生成量较低，满足不了 pH 值降至 4.2 或以下时所需条件，因此就半干青贮而言，乳酸发酵的意义不如高水分青贮那样大。只要降低原料水分，创造和保持厌氧条件，抑制酪酸菌繁殖，就能达到安全贮藏的目的。

4. 苜蓿半干青贮的操作流程　①晾晒。根据半干青贮的特点，苜蓿刈割、晾晒至含水量 45%～60%时，由田间运回，晾晒时间越短越好，最好控制在 24～36 小时。②切碎。对于 60%以下的低水分青贮来说其基本原理是抑制发酵，因此切断的目的是提高密度排除空气而不是促进发酵。所以，原料的含水量越低，应切得越短。将晾晒的苜蓿由田间运回，铡成 2～3 厘米长的碎段。③装填。装填要遵循快速而压实的原则，分层装填原料，分层镇压，压得越实越好，特别要注意靠近墙和角的地方不能留有空隙。④密封和覆盖。青贮饲料装满压实后，需及时密封和覆盖，目的是创造容器内的缺氧环境，抑制好气性微生物的发酵。具体方法是装填镇压完毕后，在上面盖聚乙烯薄膜，薄膜上盖沙土 5 厘米厚即可。

（四）混合青贮

苜蓿含糖量较低，青贮发酵较难，只有提高原料中糖分含量，才能使青贮发酵形成 pH 值<4.5 的酸性环境。因此，苜蓿青贮时可与糖分含量高的禾本科牧草、饲料作物混合青贮，也可将甜菜渣、糖蜜、米糠、酒糟等副产品混入原料中，进行混合青贮。一般葡萄糖、谷类和米糠类等的添加量分别为 1%～2%、5%～10%和 5%～10%。此外，糖蜜饲料其所含的养分也是家畜营养源。苜蓿可与玉米、高粱等禾谷类作物秸秆青贮，苜蓿与玉米秸秆混贮的比例一般为 1∶2 或 1∶3。

苜蓿混合青贮的一般工艺流程为:刈割→切段→装填→压实→密封,即将混贮料进行切段或粉碎处理,以便与苜蓿原料混合,并混合均匀,装填入窖。其他作业与半干窖贮相同。

(五)添加剂青贮

除在青贮原料装填入青贮设施时加入适当的添加剂外,其他操作程序均与常规青贮方法相同。目前,苜蓿青贮中广泛使用的添加剂有乳酸菌制剂、纤维素酶制剂、有机酸类添加剂。

1. 乳酸菌制剂 添加乳酸菌制剂是人工扩大青贮原料中乳酸菌群体的方法。原料表面附着的乳酸菌数量少时,添加乳酸菌制剂可以保证初期发酵所需的乳酸菌数量,取得早期进入乳酸发酵优势。近年来,随着乳酸菌制剂生产水平的提高,选择优良菌种或菌株,通过先进的保存技术将乳酸菌活性长期保持在较高水平。主要使用的菌种有植物乳杆菌、肠道球菌、戊糖片球菌及干酪乳杆菌等。

添加乳酸菌青贮后,pH 值迅速下降,蛋白质分解少,铵态氮生成量少,可抑制青贮发酵温度上升,干物质损失少。添加乳酸菌制剂,具有添加量小、安全、易操作、无腐蚀、不污染环境等优点。

乳酸菌制剂有粉末状(或颗粒状)添加的类型和溶解后添加的类型。水溶类的添加量为每吨 500～1 000 克。使用时,一般需要将乳酸菌制剂置于清水中活化 30 分钟左右,再均匀喷洒到青贮原料上。乳酸菌一旦溶于水,将不断活化,活性随时间延长而下降,必须在使用当日进行稀释,配制量以当日用尽为宜。

2. 纤维素酶制剂 作为青贮添加剂的纤维素分解酶应具备以下条件:添加之后能使青贮原料早期产生足够的糖分;在 pH 值 4.0～6.5 范围内起作用;在较宽温度范围内具有较高活性;对低水分原料也起作用;在任何生育期收割的原料中都能起作用;能提高青贮饲料营养价值和消化率;不存在蛋白分解活性;能长期保存。

苜蓿添加纤维素酶制剂后，能产生可被乳酸菌利用的可溶性糖类而保证青贮质量。添加量越大，效果越好，但过高会造成青贮原料产生黏性而影响利用。通常鲜草中纤维素酶制剂最适宜添加量为 100～2 000 克/吨。

另外，纤维素酶制剂与乳酸菌制剂联合使用在苜蓿青贮中可获得更好的效果。

3. 有机酸　添加有机酸能快速降低苜蓿青贮原料中的 pH 值，抑制原料的呼吸作用以及有害微生物的活动，使营养物质的消耗限制在最低水平，从而保证青贮饲料品质。目前，常用于苜蓿青贮的有机酸为甲酸、乙酸、丙酸等，其中甲酸的效果较为理想。添加甲酸的青贮饲料具有乳酸和总酸含量少等特点，表明适当添加甲酸可抑制青贮发酵。另外，添加甲酸也能减少青贮发酵过程中的蛋白质分解，所以蛋白质利用率高。浓度为 85%的甲酸，苜蓿适宜添加水平为 5～6 升/吨。甲酸添加量不足时，pH 值不能达到理想水平，从而不能抑制不良微生物的繁殖。由于干物质含量的原因，中等水分(65%～75%)原料的添加量要比高水分(75%以上)原料多，其添加量应增加 0.2%左右。此外，对早期刈割的牧草，因其蛋白质含量和缓冲能较高，为了达到理想 pH 值，有必要增加 0.1%的添加量。在欧美各国也有与其他添加剂混用，如甲醛＋甲酸、甲酸＋丙酸＋乳酸＋抗氧化剂等。混合使用甲酸与甲醛比单独使用对青贮发酵的抑制效果要好。

甲醛具有抑制微生物生长繁殖的特性，还可阻止或减弱瘤胃微生物对食入蛋白质的分解。因为甲醛能与蛋白质结合形成复杂的络合物，很难被瘤胃微生物分解，却在真胃液的作用下分解，使大部分蛋白质为家畜吸收利用。因此，甲醛可起保护蛋白质完整地通过瘤胃的作用。一般可按青贮原料中蛋白质的含量来计算甲醛添加量，有的学者建议甲醛的安全和有效用量为 30～50 克/千克粗蛋白质。

苜蓿添加剂青贮技术要点：将苜蓿刈割、切段后（长度为2～3厘米），苜蓿原料装填到青贮窖时，同时将添加剂按照设定的比例均匀喷洒或混合到苜蓿原料中。

(六)草捆青贮

草捆青贮的优点：一是在翻晒、打捆、收集和搬运等作业中可以节省大量的劳动力，节省25%～40%的作业时间；二是可以改善一系列的作业效率，减少牧草收获时的损失；三是可以根据天气状况自由更换作业体系；四是草捆青贮不需要特殊设施（青贮塔、青贮窖等）。根据其贮存方式可分为草捆堆状青贮、草捆袋装青贮和拉伸膜裹包青贮。

1. 草捆堆状青贮

(1)刈割后晾晒至半干状态　苜蓿于现蕾期或始花期进行收割，收割后一般都要通过自然风干。在田间晾晒时间的长短，与生长期、自然条件、草条厚度等因素有关，随着晾晒时间的增长，干物质及营养成分的损失也会增加，苜蓿不同收割期在田间晾晒时间长短及营养成分的损失情况见表4-8。

表4-8　苜蓿田间晾晒时间与营养成分的损失情况

收获期	晾晒时间（小时）	干物质损失(%)	粗蛋白质损失(%)
现蕾期	52.0	14.5	24.1
初花期	24.0	5.0	13.2
盛花期	8.0	4.1	3.4

对于苜蓿含水率的测定，一般通过外观形态观测和手捏来粗略确定。当绝大多数叶片卷曲，叶柄和嫩枝弯曲，少量嫩叶呈干枯状，手捏即出现破碎，这时苜蓿的含水率40%左右，利用早晨或晚间进行1次翻晒和并垄，此时翻晒和并垄，水分含量高，叶片坚韧，

比完全干燥后搂集干物质损失少，这样既能加速苜蓿的干燥，减少晾晒时间，又能保持苜蓿鲜泽，留叶率高，含水率低。同时，为田间打捆做先期准备，保证打捆时的喂入速度。当含水率在20%以下时即可进行打捆作业。

(2)打成密度较高的方草捆　打捆机一般有固定式高密度压捆机、牵引式捡拾圆草捆打捆机和方草捆打捆机。在苜蓿干草捆生产中，通常采用小方草捆捡拾压捆机，具有生产率高和作业成本较低、收获牧草损失小、干草质量好、便于短距离运输贮存等优点，捡拾作业幅宽一般为1.2～1.9米，每小时生产5～15吨。草捆尺寸为(宽×高)450毫米×350毫米，单个草捆重量30～40千克，草捆长度可以调整，捡拾宽度和喂入口面积大，生产率较高，工作性能稳定，成捆率高，草捆形状和尺寸适宜于搬运和饲养场使用。一般要求草垄平均每平方米重量在1.2～2.5千克。

(3)在坚实而干燥的堆放场地上紧凑堆积成垛　苜蓿草捆的贮存，无论时间长短，处理不当易发生损耗变质，如发热氧化、虫害鼠害、发霉变质等。为此，在贮存时应考虑以下几个方面的问题：

①草捆应堆放在干燥、阴凉通风的地方；码堆时，草捆之间要有通风口，保持良好的通风效果，以便水分蒸发，防止草捆发热，氧化霉败。

②虫鼠害不仅消耗饲料，影响品质，破坏草捆，而且其活动产生二氧化碳、水和热量，引发霉变和散捆，应妥善利用杀虫灭鼠药剂进行防虫灭鼠工作。

③草捆属易燃物，要远离火源，防止火灾的发生。

(4)采用结实且柔韧性好的塑料布覆盖严实　草捆用塑料布覆盖严实，能提高草捆的商品化水平。同时，可延长保存时间，减少运输和搬运损耗，提高家畜的饲喂效果。

(5)用抽气机抽成真空状态　草捆堆放好后，应立即密封和覆盖。其目的是隔绝空气与原料接触，并防止雨水进入。

(6)塑料布上面压以废旧轮胎　在塑料布上面压以废旧轮胎，草垛顶呈馒头状以利于排水，四周挖排水沟。密封后，尚需经常检查，发现裂缝和空隙时用湿土抹好，以保证高度密封。缺点：①草捆间隙有空气残留，易出现白色霉块；②开启之后容易产生二次发酵，所以堆垛规模不能太大。

2. 草捆袋装青贮

(1)刈割后晾晒至半干状态　遵循牧草半干青贮的基本原理，按通常的方法收割牧草，铺成草条，用捡拾压捆机制成大圆捆。

(2)打成密度较高的草捆　草捆密度越大越好，而且尽可能做到密度均匀一致。

(3)装入结实且柔韧性好的塑料袋中　选择结实和具有柔韧性的优质塑料袋，将圆草捆分别装入塑料袋，选择一块坚实而干燥的场地将草捆垛好，再把袋口系好，保持密封。草捆与塑料袋之间的空隙不应太大，以"贴身"为最佳，减少袋内空气残留。

(4)用抽气机抽成真空状态　其目的是隔绝空气与原料接触。

(5)密封　要防止鼠害和其他因素的危害。

3. 拉伸膜裹包青贮　拉伸膜裹包青贮多用于苜蓿低水分青贮调制，也可用于添加剂青贮和混合青贮。与苜蓿窖贮工艺相比，苜蓿裹包青贮为整株高密度打捆后青贮，能够进行商品化生产。苜蓿压捆后，用拉伸膜裹包密封。

刈割、压扁后的苜蓿，晾晒至水含量为45%～55%时，用捡拾压捆机进行捡拾打捆，以圆捆为宜。用拉伸膜裹包机将草捆裹包4层以上，苜蓿原料水分相对较低的，裹包层数应适当增加。裹包后的苜蓿青贮草捆，经4～6周即可完成发酵过程(图4-6)。

拉伸膜裹包机分为固定式和移动式两种。固定式裹包机在固定场所进行草捆裹包作业，移动式裹包机在田间行进中捡拾草捆裹包。还有牧草捡拾打捆和裹包联合作业的机组。

拉伸膜裹包青贮的贮存应注意以下几点：①贮存地点的选

1. 打捆　2. 圆草捆

3. 拉伸膜裹包　4. 堆垛

图 4-6　拉伸膜裹包青贮流程

择：一般裹包青贮贮存点在田间、地头、家畜饲养点附近均可。地面上的一切碎石、树枝、废铁丝等杂物均应仔细予以清除，以免戳破青贮草捆裹膜。贮存地点一定要远离鼠类出没的场所并应将周围的杂草及灌丛清理掉，以破坏鼠类可能的隐蔽所及通道。选择贮存地点还要尽量避开其他破坏因素，如散养的牲畜等。②聚乙烯塑料薄膜的选择：不能使用有毒的塑料薄膜制作拉伸膜裹包青贮。许多塑料（如聚氯乙烯塑料）本身无毒，但配料中所加的增塑剂、抗老化剂等常常是含铅的化合物和其他有毒物质，这一类塑料不能使用。另外，在我国夏季阳光暴晒的地区（如新疆及内蒙古西部、甘肃河西走廊、宁夏），建议使用白色或黑/白复合拉伸膜；在阳光不太强烈地区，用黑色或白色均可。③堆垛作业：堆垛以草捆之间尽量靠紧、外露面最少为原则。垛高以 2～3 层草捆为宜，大圆捆最好 2 层，以便于装载机作业。拉伸膜裹包青贮不要横放，而要竖放，这样有利于两端的密封性能的保持，又可避免草捆的崩溃而导致雨水浸入。

(七)青贮苜蓿的品质鉴定

青贮苜蓿发酵品质的好坏，直接与贮藏过程中的养分损失和青贮产品的饲料价值有关，并且大大影响家畜的采食量、适口性、生理功能和生产性能，因此正确评价青贮苜蓿品质，能为确定饲草等级和制定饲养计划提供科学依据。对青贮品质的鉴定有两种方法，一种是根据发酵优劣状况即发酵品质(狭义品质)来评定；而另一种是根据青贮草的饲料价值(广义品质)来判断。

1. 感官鉴定法　生产中多可采用感官鉴定法来鉴定青贮苜蓿的品质，常采用气味、颜色和质地等指标。

(1)香　品质优良的青贮苜蓿，具较浓的酸味、果实味或芳香味，气味柔和，不刺鼻，给人以舒适感，其 pH 值低于 4.0，乳酸含量高；品质中等的，稍有酒精味或醋味，芳香味较弱。若带有刺鼻臭味，如堆肥味、腐败味、氨臭味，则该青贮草已变质，不能饲用。

(2)味　含在嘴里给人以舒适感的，品质优良。pH 值 3.7 左右的青贮苜蓿酸味相当强，pH 值 4.0 左右的青贮苜蓿除了酸味以外同时还有米糠酱味。pH 值为 4.5 以上时，酸味中有涩味、苦味，表明铵态氮含量高，为品质不良的青贮苜蓿。

(3)色　品质良好的青贮苜蓿呈青绿色或黄绿色(说明青贮原料收割适时)；中等品质的青贮苜蓿呈黄褐色或暗褐色(说明青贮原料收割时已有黄色)；品质低劣的青贮苜蓿多为暗色、褐色、墨绿色或黑色，与青贮原料的原来颜色有显著的差异，这种青贮苜蓿不宜饲喂家畜。

(4)质地　品质良好的青贮苜蓿压得非常紧密，但拿在手中却较松散，质地柔软，略带湿润。叶、小茎、花瓣能保持原来的状态，能够清楚地看出茎、叶上的叶脉和茸毛。相反，如果青贮草黏成一团，好像一块污泥，或者质地松散、干燥、粗硬，这表示水分过多或过少，不是良好青贮草。发黏、腐烂的青贮苜蓿不适于饲喂家畜。

2. 实验室鉴定法　实验室鉴定主要通过化学分析来判断发酵情况，包括测定 pH 值以及有机酸（乙酸、丙酸、丁酸、乳酸）的总量和构成。其中，测定游离的氮（氨态氮与总氮的比例），是评价蛋白质分解程度最有效的指标。

(1)pH 值　可用 pH 测定仪测定。乳酸发酵良好，pH 值低；酪酸发酵则使 pH 值升高；pH 值越低，品质越好。一般对常规青贮来说，pH 值 4.2 以下为优；4.2～4.5 为良；4.6～4.8 为可利用；4.8 以上不能利用。但半干青贮苜蓿不以 pH 值为标准，而根据感官鉴定结果来判断。

(2)乳酸及其他挥发性脂肪酸　乳酸的测定一般用常规法，而挥发性脂肪酸用气相色谱仪来测定。可利用弗氏（Flieg）青贮评分法来评价（表 4-9）。

表 4-9　Flieg 氏青贮评分方案

	总酸中比例(%)	评分	总酸中比例(%)	评分	总酸中比例(%)	评分	总酸中比例(%)	评分	评价	
乳酸	0～25.0	0	40.1～42.0	8	56.1～5.0	16	68.1～69.0	23	总分	等级
	25.1～27.5	1	42.1～44.0	9	58.1～60.0	17	69.1～70.0	24	81～100	优
	27.6～30.0	2	44.1～46.0	10	60.1～62.0	18	70.1～71.2	25	61～80	良
	30.1～32.0	3	46.1～48.0	11	62.1～64.0	19	71.3～72.4	26	41～60	可以
	32.1～34.0	4	48.1～50.0	12	64.1～66.0	20	72.5～73.7	27	21～40	中
	34.1～36.0	5	50.1～52.0	13	66.1～67.0	21	73.8～75.0	28	0～20	劣
	36.1～38.0	6	52.1～54.0	14	67.1～68.0	22	75.0<	30		
	38.1～40.0	7	54.1～56.0	15						

续表 4-9

	总酸中比例(%)	评分	总酸中比例(%)	评分	总酸中比例(%)	评分	总酸中比例(%)	评分	评　价
醋酸	0～15.0	20	24.1～25.4	15	30.8～32.0	10	37.5～38.7	5	
	15.1～17.5	19	25.5～26.7	14	32.1～33.4	9	38.8～40.0	4	
	17.6～20.0	18	26.8～28.0	13	33.5～34.7	8	40.1～42.5	3	
	20.1～22.0	17	28.1～29.4	12	34.8～36.0	7	42.6～45.0	2	
	22.1～24.0	16	29.5～30.7	11	36.1～37.4	6	45.0<	0	
丁酸	0～1.5	50	8.1～10.0	9	17.1～18.0	4	32.1～34.0	−2	
	1.6～3.0	30	10.1～12.0	8	18.1～19.0	3	34.1～36.0	−3	
	3.1～4.0	20	12.1～14.0	7	19.1～20.0	2	36.1～38.0	−4	
	4.1～6.0	15	14.1～16.0	6	20.1～30.0	0	38.1～40.0	−5	
	6.1～8.0	10	16.1～17.0	5	30.1～32.0	−1	40.0<	−10	

(3)铵态氮　利用蒸馏法或其他方法来测定。根据铵态氮与总氮的比例进行评价,数值越大,品质越差。标准是:10%以下为优,10%～15%为良,15%～20%为一般,20%以上为劣。为了使测定结果能充分说明青贮饲料品质,取样一定要有代表性,应遵循通用的对角线和上、中、下设点取样的原则。取样点距青贮容器边缘不少于30厘米,以减少外部环境的影响。

(八)青贮苜蓿的饲喂效果

青贮苜蓿比其他饲草饲喂奶牛具有更好效果。用初花期的半干苜蓿调制青贮料饲喂奶牛,在不喂精料的情况下,取得日增重963克的显著效益,表明苜蓿青贮可部分或全部代替精料以节约粮食;在半干青贮苜蓿中添加糖蜜和乳酸菌培养液,其青贮饲料风味好,牛喜食;用苜蓿半干青贮饲料饲喂奶牛,适口性良好;用盛花期半干苜蓿裹包青贮料饲喂獭兔，獭兔喜食，增重快，毛质好。

有报道称，奶牛对苜蓿干草干物质采食量大于苜蓿青贮饲料；玉米青贮与苜蓿青贮混合饲喂奶牛，玉米青贮应占到奶牛粗饲料的1/3～2/3，这样可提高产奶量，提高乳蛋白率。

苜蓿半干青贮饲料兼有青贮饲料和干草的优点。据研究，苜蓿半干青贮体外消化率为56%，而苜蓿干草为50%，用此种饲料可降低成本费用25%～30%。用半干青贮饲料饲喂青年奶牛和产奶牛在日增重和产奶量上都取得了良好的效果和经济效益。有些国家已用半干贮饲料代替奶牛和肉牛日粮中的干草和青贮饲料，简化了饲喂手续，降低了管理费用，并且取得了良好的经济效益。

三、其　他

（一）苜蓿草块

切段后的苜蓿，经干燥、压块、冷却、碎粒分级等工序，生产出苜蓿草块(图4-7)。草块可最大限度地保存苜蓿草的营养成分，营养价值高，适口性好，还可以做成全价饲料。草块密度一般为高密度干草捆的2～3倍，占用空间小，便于贮存和运输。

草块加工分为田间压块、固定压块和烘干压块3种类型。

图4-7　苜蓿草块

1. 田间压块　是由专门的干草收获机械——田间压块机完成的，能在田间直接捡拾干草并制成密实的块状产品，产品的密度为700～850千克/米³。压制成的草块大小为30毫米×30毫米×(50～100)毫米，田间压块要求干草含水量必须达到10%～12%。

2. 固定压块 是由固定压块机强迫粉碎的干草通过挤压钢模，形成大约3.2厘米×3.2厘米×(3.7～5)厘米的干草块，密度为600～1000千克/米^3。

3. 烘干压块 由移动式烘干压饼机完成，由运输车运来牧草，并切成2～5厘米长的草段，由运送器输入干燥滚筒，使水分由75%～80%降至12%～15%，干燥后的草段直接进入压饼机压成直径55～65毫米、厚约10毫米的草饼，密度为300～450千克/米^3。

草块压制过程中可根据饲喂家畜的需要，加入尿素、矿物质及其他添加剂。

(二)苜蓿草粉

1. 草粉的加工工艺 生产苜蓿草粉的流程一般为：适时刈割→切短→干燥→粉碎→包装→贮运。其中苜蓿的适时刈割、烘干技术已在前面内容中详细介绍，下面对其他生产工艺进行介绍。

(1)切短 用苜蓿鲜草或半干草为原料进行切短加工是苜蓿其他加工步骤的前处理，有利于再加工的充分粉碎；有的生产过程中不进行切短，而是将刈割后的牧草自然干燥后，直接进行粉碎。

(2)粉碎 用粉碎机粉碎是苜蓿草粉加工中最后、也是最重要的一道工序，对苜蓿草粉的质量有重要影响。因此，技术要求也很高。苜蓿经粉碎后，增大了饲料的表面积，有利于动物消化和吸收。

2. 草粉品质评定和质量等级

(1)感官性状

①形状：有粉状、颗粒状等。

②色泽：暗绿色、绿色或淡绿色。

③气味:具有草香味,无变质、结块、发霉及异味。

(2)营养成分　苜蓿草粉的质量与营养成分,依调制方法不同而差异较大。按调制方法,可分为风干苜蓿草粉和烘干苜蓿草粉,其营养成分含量见表 4-10。

表 4-10　苜蓿草粉营养成分含量

指　标	风干苜蓿	烘干苜蓿
粗蛋白质(%)	12.5～17	16～22
粗脂肪(%)	1.5～3.5	1.8～3.5
粗纤维(%)	27～34	20～31
粗灰分(%)	7～11	7.0～10
钙(%)	1～1.5	1.2～1.9
磷(%)	0.2～0.4	0.18～0.30
β-胡萝卜素(毫克/千克)	14～40	53～238
维生素 A(单位/克)	22～67	73～409
叶黄素(毫克/千克)	—	106～456

(3)质量等级评定　苜蓿草粉评价指标有粗蛋白质、胡萝卜素、粗纤维、粗脂肪、可消化干物质等,其中最主要的是粗蛋白质的含量。表 4-11 和表 4-12 是美国苜蓿草粉分级标准,表 4-13 是我国苜蓿干草粉质量分级标准。相比之下,晾晒干的苜蓿草粉的质量稍差,因晾晒过程中苜蓿的叶片及嫩枝极易脱落,营养价值的损失远远大于重量的损失,严重影响苜蓿草粉的质量。

表 4-11　美国风干苜蓿草粉等级指标

	一级	二级	三级	四级	五级	六级
粗蛋白质(%)	≥20	≥16	≥15	≥14	≥13	≥12

表 4-12　美国烘干苜蓿草粉等级指标

	一级	二级	三级	四级	五级	六级
粗蛋白质(%)	≥22	≥20	≥18	≥17	≥15	≥13
粗纤维(%)	≤20	≤22	≤25	≤27	≤30	≤33

表 4-13　我国烘干苜蓿草粉等级指标

质量标准	一级		二级		三级	
	风干苜蓿	脱水苜蓿	风干苜蓿	脱水苜蓿	风干苜蓿	脱水苜蓿
粗蛋白质(%)	≥18	20	≥16	17	≥14	14
粗脂肪(%)	<1.90	1.90	<1.5	1.5	<1.2	1.2
粗纤维(%)	<30	23	<32	28	<34	30
粗灰分(%)	<11	11	<11	11	<11	11
胡萝卜素(毫克/千克)	≥130	≥130	≥90	≥90	≥50	≥50

(三)苜蓿草颗粒

牧草中因含有较多蛋白质和糖分,在受热吸湿后具有一定的热塑性。利用这一特性,可将草粉压缩成形,制成草颗粒(图 3-8)。草颗粒密度为 1.2～1.3 克/厘米^3,是一般高密度干草捆的 2～3 倍,空间占用小,颗粒强度 78～98 千帕,含水率 12%～12.5%,便于运输和贮存。

图 4-8　苜蓿草颗粒

(四)苜蓿蛋白营养舔砖

舔砖是将牛、羊所需的营养物质经科学配方和加工工艺加工成块状，供牛、羊舔食的一种饲料，也称块状复合营养补充剂，通常简称“舔块”或“舔砖”。实践证明，舔砖作为一种简单、有效的营养补充方式，能有效补充牛、羊营养需要，具有饲用安全、使用方便、成本低等特点。舔砖可供牛、羊自由舔食，是给牛、羊补充矿物质元素、维生素、非蛋白氮、可溶性糖等易缺乏养分的简单而有效的一种产品，舔砖可有效补充平衡日粮营养，提高采食量和饲料利用率，降低各类营养代谢病以及异食癖的发生率，补饲舔砖能明显改善牛、羊健康状况，加快生长速度，从而提高养殖效益。牛、羊舔砖在发达国家畜牧业生产中已得到广泛应用，其技术已相当成熟，美国、加拿大、澳大利亚等国家的舔砖产品种类已经由简单的“糖蜜—尿素砖”发展到适用于不同牛、羊品种、不同用途和不同饲养模式的系列产品。

舔砖生产技术经历了3代。第一代：浇注式舔砖，粉碎→混合→装模→自然晾干→包装。第二代：低压成形舔砖，粉碎→混合→装模→压制成形→自然晾干→包装。第三代：现代化舔砖，粉碎→混合→自动装模→液压成形→自然晾干→真空包装。

我国牛、羊舔砖研究起步较晚。近年来，我国畜牧工作者进行了一些有关营养舔砖生产工艺、设备研发和饲喂等方面的研究和应用，取得了一定的成果，但我国牛、羊舔砖的研制和生产水平仍明显落后于畜牧业发达国家。

我国广大农区、牧区和城市近郊区，“蛋白质缺乏”是家畜饲养面临的重大问题之一，尤其是环境比较恶劣的高寒牧区，气候寒冷，干旱，海拔高，枯草期长达7～8个月，优良饲草料缺乏是限制畜牧业发展的主要瓶颈。如何解决这一问题一直是反刍动物营养研究的主要焦点。反刍动物可以利用非蛋白氮来缓解蛋白质缺乏问题，到目前为止尿素仍是解决反刍动物蛋白质缺乏的首选物质，人们常通过在舔砖中添加一定量的尿素来满足家畜对蛋白质的需要。但由于尿素水解速率较快，家畜过量舔食尿素舔砖容易引起氨中毒，限制了其在生产中的广泛推广应用。

针对草原家畜营养不平衡，苜蓿可以提供丰富蛋白质的特点，研制苜蓿蛋白营养舔砖，可解决家畜营养不平衡问题。其营养成分为：苜蓿绿汁液 10%～12%，小麦面粉 10%～12%，糖蜜 10%～15%，尿素 1%～2%，食盐 8%～10%，菜籽粕 10%～15%，棉粕 10%～15%，碳酸氢钙 2%～3%，膨润土 10%～15%，麦饭石 5%～10%，钙石粉 2%～5%，乙基香兰素 1%～1.5%，矿物质预混料 5%～10%（磷 18 克/千克、铁 50 毫克/千克、铜 50 毫克/千克、锰 20 毫克/千克、锌 30 毫克/千克、碘 5 毫克/千克、硒 0.5 毫克/千克、钴 5 毫克/千克）。规格为直径 15 厘米，厚 10 厘米，中央有一内径 2.5 厘米的圆柱形通孔，舔砖重量为 5 千克。苜蓿营养舔砖能补充牛、羊所需要的植物蛋白质及矿物质元素，刺激其食欲，采食量可提高 20%～25%。高寒牧区牦牛和藏羊抗病性增强，毛色、膘情普遍较好，健康状况良好。妊娠母羊体重明显增加，羔羊成活率提高，羔羊初生重较对照提高 20%；牦牛日增重较对照提高 36%。

第五章　不同生态气候区苜蓿栽培与利用

第一节　高寒区苜蓿栽培与利用

高寒牧区豆科牧草极为缺乏，适宜栽培的豆科牧草品种少，豆科人工草地建植技术缺乏。苜蓿在寒冷地区种植时，影响种植成败和产量的主要因素往往不是品种的丰产性能，而是越冬能力。影响苜蓿越冬率的因素很多，除了品种本身的抗寒性(抗低温冷害能力)这一重要因素外，还与极端最低温及其持续时间、降温速率、升温速率、地表春季冻融交替的剧烈程度、土壤水分等有关，还涉及有无雪盖、冰封、覆土、灌水、刈割放牧、病虫鼠害、根颈入土深度等诸多方面。但其草地建植成败的关键，是苜蓿品种本身的抗寒能力和保护幼苗免受冻害损伤而提高越冬率的栽培技术。

寒地建植苜蓿草地远比温带建植要困难得多，这也是长期以来高海拔寒冷牧区一方面缺乏适宜豆科牧草，另一方面苜蓿品种又在高海拔寒冷地区推广不开的原因之一。一般来说，寒地苜蓿播种第一年越冬死亡率高，第二年以后逐年减轻以至稳定，就可以持续利用多年。只要选用抗寒品种，采用适宜的抗寒栽培技术，使苜蓿顺利越过第一个冬、春季节，即可达到寒地建植苜蓿草地的目的，以解决寒区豆科牧草缺乏、家畜营养不平衡的问题。

一、高寒区单播苜蓿技术

(一)高寒区适宜品种选择

选择合适的苜蓿品种是实现高产的关键。原则上应根据栽培区域的气候、土壤条件、利用方式及品种特点选择苜蓿品种，高寒地区需选择抗寒性强、生产性能优良的苜蓿品种，目前抗寒能力较强、适合于寒冷地区栽培的苜蓿品种有金皇后、阿尔冈金、苜蓿王、巨人201、肇东、龙牧801、龙牧803、驯鹿、公农1号、皇冠、巨人201＋Z、WL323、CW300、亮苜5号、维多利亚、牧歌401＋Z紫花苜蓿和甘农1号杂花苜蓿。

(二)栽培方法

1. 播前土地准备 前茬最好为燕麦、青稞、大麦、油菜等密植作物，播前精耕细耙，增施厩肥。

2. 选择适宜的播种期 一般来说，北方高寒地区多采用春播和夏播。在春季墒情好、风沙危害不大的地区多采用春播，当土壤温度上升到紫花苜蓿种子发芽所需要的最低温度时开始播种为宜，春播的紫花苜蓿根部发育健全，有利于安全越冬。在春季土壤干旱、风沙过大或降霜较迟的地区应采用夏播，夏播宜早不宜晚，以不晚于6月中旬播种为宜，以便在冬季来临之前使幼苗有充足的发育时间，在根中贮存一定的碳水化合物，保证其幼苗安全越冬。

3. 选择正确的播种方法和播种技术 高寒地区多采用深开沟、浅覆土、秋季耙平埋颈的播种方法。行距20～30厘米，沟深10～15厘米，播量22.5～27千克/公顷，沟内播深2厘米左右，覆土少许，越冬前将整块地耙平，相当于冬前给苜蓿覆土，使根颈深入地下减轻冻害。如在甘南夏河海拔2 800～3 000米区域，5月10日左右播种，9月底覆土埋颈，翌年7月15日刈割第一茬草，8月底刈割第二茬草，种植第一年越冬率83%～86.8%，第二年92%～98.3%，每667米^{2}产鲜草1 600～2 100千克。

4. 加强田间管理

(1)中耕除草 播种当年，田间管理的关键是控制和消灭杂草。在苗期，苜蓿生长缓慢，杂草生长迅速，与杂草竞争力不强，达到分枝期或现蕾期就已降霜，株高10厘米左右时应除杂草1～2次。

(2)合理追肥　施肥是紫花苜蓿高产、稳产和优质的关键，追肥是提高紫花苜蓿越冬率必不可少的因素。紫花苜蓿若施肥充足，能显著增加分枝，促进幼苗健壮和根系发育，增强抗寒能力；若肥力不足，则生长不良。据报道，追施钾肥和磷肥可增强紫花苜蓿的抗寒性，特别是在紫花苜蓿生长发育过程中，若不能及时地供给足够的钾肥，不但会严重影响紫花苜蓿的产量和品质，而且还不利于它的安全越冬和再生。因此，中耕锄草后若能结合灌水追施腐熟畜粪(22.5～37.5吨/公顷)或少量磷、钾肥(300～450千克/公顷)作基肥，对幼苗生长有很大的促进作用。

(3)掌握刈割时间和留茬高度　刈割是紫花苜蓿的主要利用方式，也是影响紫花苜蓿安全越冬的重要因素。在北方寒冷地区，应注意紫花苜蓿的刈割时间。刈割时，要充分考虑紫花苜蓿的营养再生和根系贮藏养分的积累，对它的越冬成活是非常有利的。高寒地区播种当年不刈割，从第二年起7月上中旬现蕾期刈割第一茬，留茬高度5厘米左右；8月下旬刈割第二茬，留茬高度10厘米左右。

(4)灌溉　灌水在地冻前进行，灌足渗透，但不要在地表积水结冰，以免造成根部缺氧而窒息死亡。越冬前灌水可显著提高越冬率。

5. 有效的防寒防冻措施　由于紫花苜蓿耐寒性很强，在有雪覆盖的条件下能耐－44℃的严寒。因此，采用积雪防寒措施，能够减轻紫花苜蓿的冻害。为此，在生产实践中，除采用留茬高一些外，还可采用最后一次刈割隔数行留2～3行的方法，专门用以积雪，以提高紫花苜蓿防寒防冻效果。

(三)高寒区苜蓿寒作技术与同类建植技术方法的异同

苜蓿适宜种植的地区为温带地区暖温性气候区，适宜种植的苜蓿品种丰富，草地建植容易成功，栽培技术关键点主要是选择抗病虫、抗逆能力强、适宜温带地区暖温性气候条件及土壤条件的高产优质品种和应用温带地区暖温性气候区耕作制度的高产优质栽培技术。而寒地建植苜蓿草地，要突破苜蓿生长的适宜气候条件，使用的苜蓿品种特性和建植技术特性发生了根本性改变，成败的关键主要着眼于越冬性能。寒地苜蓿草地建植技术区别于其他技术的特点是：

第一，播种苜蓿品种越冬能力置于第一位，使用苜蓿品种必须经寒区种植筛选，耐寒能力很强，寒区种植第一年越冬率达60%以上，适宜寒地气候环境条件而正常生长的品种。

第二，生长季短，必须施行春季播种，并采用深开沟、浅覆土、秋季耙平埋颈的特殊播种方法。行距以利苗期除杂草，开深播沟以利秋季覆土，高播量以利保苗，越冬前将整块地耙平，相当于冬前给苜蓿覆土，使根颈深入地下减轻冻害。

第三，第一年仅能生长到分枝期或现蕾期就已降霜，必须采用幼苗期除杂草、结合灌水追施少量肥料等有利于促进幼苗生长的栽培措施，以提高越冬能力。

第四，播种当年不能在牧草养分由茎叶往根部转移的临界危险期(8月中下旬)刈割，秋季刈割时间在降霜自然冻干后(约在10月初)进行，这时植株早已停止生长，刈割不会影响根系贮存养分；而且雨季已过，温度很低，收获的“冻干草”不经其他处理就可直接打捆堆垛长期存放，作为冬春补饲干草。从第二年起，生长茂盛，产草量大有提高。越冬前灌水可显著提高越冬率。

第五，草地建成后，第一茬草收获期更适宜于现蕾期刈割，以躲开初秋的雨季。

第六，寒区自然降水量相对较多，小溪、河流较多，灌溉条件相对较好，建植苜蓿草地有利于充分利用寒地水分资源增加牧草产量。

第七，可解决寒区家畜豆科牧草缺乏和营养不平衡问题，改善家畜营养状况，提高家畜生产率。

二、高寒区混播苜蓿技术

甘肃红豆草和阿尔冈金杂花苜蓿是高寒地区优质、高产的多年生豆科牧草，两者混播能提高苜蓿草地的生产能力和牧草的营养价值。

(一)技术要点

播种前翻耕、耙耱，平整土地，消灭杂草。5 月上旬播种，甘肃红豆草和苜蓿的播种量分别为 63 千克/公顷和 22.5 千克/公顷。混播时先条播红豆草，播深 5 厘米，行距 20 厘米，后撒播苜蓿，播后耙耱平整。

(二)优　点

苜蓿因含有皂素，易引起反刍家畜得臌胀病，而红豆草的茎叶因含有单宁，可避免反刍家畜得臌胀病，两者混播既解决了高寒地区蛋白质饲草料缺乏问题，又防止了反刍家畜得臌胀病。苜蓿和红豆草混播是获得持久高产的优势组合。

(三)注意事项

播种当年鼠、虫喜食红豆草根系，受鼢鼠危害严重。苜蓿杂草危害严重，及时除杂草和防止鼠、虫害是田间管理的关键措施。

三、寒区苜蓿草地土壤冬春防风蚀技术

在高寒草原区，冷季漫长，冬、春季大风天气频繁，干松的土壤遇到大风时，表土被吹走，有机质流失严重，土壤贫瘠。大风还可使新播苜蓿地种子暴露，甚至连同表土一起被刮走，建植密度达不

到设计要求。建成年限较短的苜蓿草地，尚未形成草皮层，地表裸露，大风致根颈裸露，影响苜蓿越冬。大风还加速了土壤水分的蒸发，造成跑墒，加剧干旱。土壤风蚀是制约我国西部寒区人工饲草生产基地建设的主要自然灾害。

（一）技术要点

每年最后一茬苜蓿刈割后，留 10～15 厘米的高茬，可挂沙护土，防止冬、春季的大风将地表熟土刮走；苜蓿平地栽培应使茬带（垄向）与春季风向呈 45°角至垂直，坡地种植应横坡种植；地面可处理成弧形低垄，垄高 5 厘米，根据适宜播行调整垄沟比，寒区新建苜蓿草地于垄间播种；有灌溉条件的，在土壤封冻前灌足冬水，充分渗透，可固持土壤，提高苜蓿的越冬率；将优质苜蓿与禾本科作物间作种植，作物高茬收割，秸茬越冬，形成一条条防风带，防止土壤风蚀。

（二）优　点

刈割后的高茬，形成了挡风、挂沙、载土、拦雪的屏障，高茬与垄沟增大了地表的粗糙度，降低了近地面风速，从而有效减少了人工草地土壤的风蚀量；滞留的积雪，增加了土壤湿度，保持了土壤墒情；可提高寒区苜蓿的越冬率与返青再生能力；与作物间作还可发挥培肥土壤和边际增产作用。高茬收获与配套措施是西北寒区有效、简单、经济可行的土壤防风蚀技术方法。

（三）注意事项

风蚀严重区不宜采用秋翻整地方式，农事操作会增大土壤风蚀的潜在危险；无稳定草皮层的苜蓿草地，枯草期禁止任何家畜的放牧践踏；粮草带状间作的作物秸留茬高度可适当增高，30 厘米左右效果更佳；有条件的还可进行秸秆覆盖等。

四、寒区苜蓿草地利用技术

(一)调制青干草

采用“薄层平铺暴晒与打捆阴干相结合”的青干草调制方法，将刈割的苜蓿就地平铺10～15厘米暴晒，每隔3小时翻动一次，使鲜草快速干燥，当晒至8小时后，含水量降为50%～60%时，打成直径20～30厘米的小捆放在通风透气的凉棚下阴干，10天后含水量降至17%以下，堆成垛保存，堆垛时垛形底小顶大，垛上覆盖防水物。也可建造简易草房，将青干草堆放整齐，以防雨雪。青干草可直接饲喂家畜或将青干草用粉碎机粉碎，加工成干草粉，装袋存放，可作为冬春季小畜禽的优质饲料。

(二)放牧利用

刈割收草紫花苜蓿地严禁放牧。用紫花苜蓿补播改良的草地注意合理放牧。紫花苜蓿在放牧后需要35～42天的时间才能恢复生长，若连续自由放牧或过度超载放牧，导致大部分紫花苜蓿的根冠被牲畜咬伤和踏伤，使其根颈裸露在地面，引起根中碳水化合物亏损，使其草丛遭受严重损害，不利于紫花苜蓿的安全越冬。因此，在紫花苜蓿地放牧时，除了要预防牲畜疾病(主要指臌胀病)外，还要注意其放牧方式，有条件的话，最好采取划区轮牧等放牧形式。对部分退化严重的草场进行围栏封育，实施休牧，同时进行补播，在每年牧草萌发季节，用轻耙划破地皮，撒播同品种的紫花苜蓿种子。

第二节 干旱区苜蓿栽培与利用

苜蓿在我国栽培历史悠久。近年来，由于生态建设和畜牧业发展的需要，苜蓿栽培面积越来越大，在我国调整农业产业结构和种植业结构、恢复生态环境及发展高效畜牧业中发挥着越来越重要的作用。实践中发现，苜蓿在年≥10℃活动积温2 600℃左右、年降水量300毫米左右、缺少灌溉条件的北方寒冷干旱地区栽培，存在很多不利因素，因雨热同季，处于干旱向半干旱的过渡区，年降水分布不均匀，总量少，且主要集中在7～10月份，降水形式多以小雨或大暴雨为主，这不仅不利于作物对水分的有效吸收，而且会造成大面积的水土流失。同时，该地区地下水位较深，植物生长过程中水分的补给主要来自降水，但该地区小于5毫米的无效和微效降水多，径流损失与蒸发损失并存，土壤水分不能满足苜蓿的正常生长需求，从而导致旱作条件下苜蓿种植出苗难、成苗难，生长缓慢，种植当年越冬困难，往往缺苗断垄，达不到设计密度，且因干旱影响生长，产量低、草质差，生产力低下。因此，针对该地区的自然气候特点，利用有限的水资源，采取相应的栽培技术措施，是该地区进行苜蓿草地建植和提高产量的关键。

一、适宜品种选择

应根据栽培区域的气候、土壤条件、利用方式及品种特点选择苜蓿品种。干旱区旱地种植应选择敖汉苜蓿、黄花苜蓿、杂花苜蓿、陇东苜蓿等国产抗寒、耐旱、适应性强、产量较高的品种；水浇地种植，除上述品种外，可选择进口苜蓿中的阿尔冈金、金皇后、Baralfa、Renglander及国产的甘农3号紫花苜蓿等生产性能好、再生速度快、品质好的品种。

二、栽培方法

(一)播前土地准备

准备建植的苜蓿地应选择坡度在25°以下，土层厚度达60厘米以上、pH 值中性的土地。由于气候干旱，而紫花苜蓿种子细小，幼苗顶土能力差，因此播种前必须精细整地。在秋季或翌年春季深翻 20～30 厘米，然后耙碎土块，耙平地面，使地表平整，土壤松紧适度，利于蓄水保墒；有条件的可施入有机肥（15 000～30 000 千克/公顷）或磷、钾肥（150～225 千克/公顷）作基肥。

（二）播种时间

根据降雨特点，适宜的播种时间在 3 月下旬至 7 月上旬，无霜期长、积温较高地区可推迟到 7 月中旬。为防止暴雨冲刷，最好在 6 月中旬前完成播种。

（三）播 种 量

若种子纯净度在 95％左右，精细整地后，播种量可控制在 12～15 千克/公顷，种子田播种量 6～9 千克/公顷，通常采用的播种量为 15～22.5 千克/公顷。

（四）播种深度

旱地表土易干燥，犁沟播种行距 25～30 厘米，在土壤湿润时播深一般为 1.5～2 厘米，干旱时播深应在 2～3 厘米。播种后稍覆土或直接镇压，覆土厚度为 1.5～2 厘米，播种后镇压 1～2 遍，如果土壤墒情差或沙壤土必须镇压 2 遍，以利保墒、提墒。

（五）播种方法

1. 混播和保护播种　混播和保护播种方式是提高出苗率和产草量的一项重要措施。特别是保护播种方式对解决因干旱造成出苗率低的问题发挥了重要作用。采用播种机犁沟条播方法和油菜、燕麦、小麦等 1 年生作物保护播种，1 年生作物播种量为单播的 50％～70％，其播种方式和方法：一是犁沟可以把种子播到湿润的土层上；二是1年生作物首先出苗，其遮阴作用，大大减少了土壤水分蒸发和土壤盐分向地面聚集的现象，给苜蓿出苗和生长营造了适宜的环境。试验证明，采用保护播种可使苜蓿成苗率提高30%。采用播种机犁沟条播方法，只镇压不填平，冬前用耙耙平犁沟，可起到抗寒作用，从而提高苜蓿的越冬能力。

混播时，可采用苜蓿与1～2种禾本科牧草混播，苜蓿＋禾草，播种量各占单播的70%～80%；苜蓿＋禾草＋禾草，苜蓿播种量占单播量的70%，禾草各占单播量的30%～40%，播种深度2～3厘米，行距同单播。

2. 垄沟集雨种植 垄沟集雨种植在我国干旱半干旱地区已经有较长的历史，但均采用垄覆膜或全膜覆盖，种植以玉米和马铃薯等1年生作物为主，与苜蓿相比，作物种子较大，播种较深，出苗快，成苗期较短。对苜蓿而言，种子小，播种浅，出苗慢，成苗期长，生育期长，多年生，建植难度大。

(1)垄沟集雨种植的要点 见图5-1。

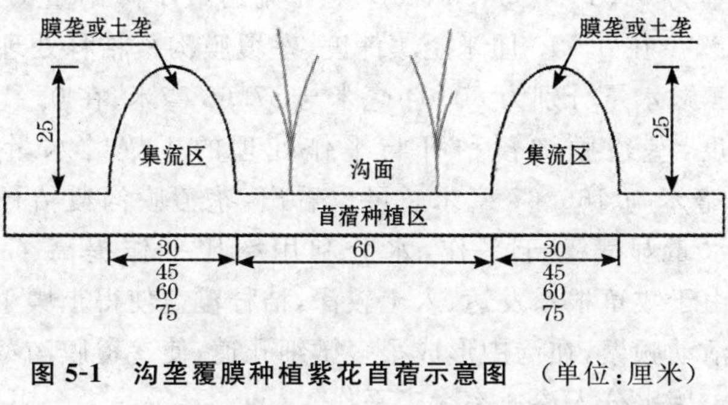

图5-1 沟垄覆膜种植紫花苜蓿示意图 (单位:厘米)

①起垄做沟 平地用原土夯实起垄，垄高20厘米，垄宽45～60厘米，垄面与地面呈45°，垄顶部呈弧形，相邻两垄之间为沟，沟宽60厘米。

②覆盖　垄用薄地膜覆盖，塑料薄膜宽 1.2 米、厚 0.08 毫米，边缘压牢。种子播入沟内，播种后沟内可用秸秆覆盖最好，秸秆覆盖量 6 600～6 750 千克/公顷，当苜蓿出苗率达到 70%时，去除秸秆覆盖。

③播种　条播，播种量为 22.5 千克/公顷，播种深度 1～2 厘米，行距 15 厘米；播种时肥料与牧草种子同时施入，尿素 34.5 千克/公顷，过磷酸钙 120 千克/公顷。

④收获　播种当年分别在 7 月中旬和 9 月下旬收获 2 次，第二年及以后每年刈割 3 次，刈割时间分别为 6 月上旬、8 月下旬和 9 月下旬，刈割留茬高度 5 厘米左右。

(2)沟垄集雨种植的优点　与平作相比，沟垄集雨技术的优点在于：

①垄覆膜沟覆秸秆技术改善了表土层的水温条件　牧草发芽期，表土层(0～5 厘米)温度比平作提高 2.0℃；第一茬收割后，垄覆膜沟覆秸秆处理表土层土壤温度较平作提高 2.2℃。垄覆膜后集水效率为 91.1%～94.3%、产生径流的最小降雨量为 0.23～0.47 毫米。在 0～40 厘米土壤深度，垄覆膜沟覆秸秆处理与平作处理土壤贮水量分别为 80.04 毫米与 37.68 毫米；在 0～120 厘米土壤深度，垄覆膜沟覆秸秆与平作处理的土壤贮水量分别为 207.67 毫米与 166.67 毫米。可以看出，垄覆膜沟覆秸秆处理的土壤贮水量显著高于平作，水分利用率比平作提高了 13%～41%。由于牧草根系发达、入土较深，秸秆覆盖使得土壤小动物和微生物活动频繁，在沟中形成很多微细孔道，使垄覆膜沟覆秸秆处理沟中土壤水分入渗速率大于平作。

②垄覆膜沟覆秸秆技术提高了植株高度、建植密度和草产量　播种当年第一茬刈割时，垄覆膜沟覆秸秆处理植株高度(39.9 厘米)显著高于平作植株高度(25.0 厘米)；垄覆膜沟覆秸秆处理植株密度达到 93 株/米^2，平作处理植株密度仅为 50 株/米^2；垄覆膜

沟覆秸秆处理与平作 3 年平均干草产量分别为 5 958 千克/公顷和 4 201 千克/公顷，垄覆膜沟覆秸秆处理干草产量比平作提高了 41.8%，并且使牧草草地产草高峰期比平作提早 1～2 年，延长了草地高产年限。

③垄覆膜沟覆秸秆技术提高了土壤有机碳和土壤全氮含量 垄覆膜沟覆秸秆处理提高了土壤有机碳和土壤全氮含量，并促进土壤碳氮比(C/N)向更为合理的范围发展。垄覆膜沟覆秸秆处理的全氮和土壤有机碳含量分别比播种前增加 0.7%和 7.8%，而平作处理与播种前相差不大。垄覆膜沟覆秸秆处理的 C/N(9.2)，显著高于平作处理的 C/N(6.4)。

④垄覆膜沟覆秸秆处理减少了土壤侵蚀量 测定表明，垄覆膜沟覆秸秆处理与平作处理的土壤侵蚀量分别为 0.85 吨/公顷和 2.48 吨/公顷，垄覆膜沟覆秸秆处理的土壤侵蚀量比平作减少 65.7%。

(3)沟垄集雨技术的有益效果

①垄覆膜沟覆秸秆沟播苜蓿集雨保墒 草地建植方法采用垄地膜覆盖、沟秸秆覆盖、沟内种植牧草，可提高保墒效果，增加土壤温度和湿度，牧草出苗率和成苗率高，建植密度大，进而提高牧草产量，多年生苜蓿草地建植一次覆盖种植，可受益 5～8 年，甚至更长。

②可进行机械化作业 该技术采用机械化作业，可一次完成开沟、起垄、施肥、整形等项作业，具有省工、省力、效率高等特点，可使干旱区大面积应用成为可能。

③降低水土流失和土壤侵蚀 该技术沿上坡地等高线布置的垄沟径流拦截系统，增加地表径流在苜蓿种植区(沟内)的滞留时间，避免降水向局部和低处汇集，提高雨水的土壤入渗，减少水土流失和土壤侵蚀。

④减少蒸发 垄覆膜沟覆秸秆减少土壤水分蒸发，具有明显

的抑蒸保墒、增产增收效果。

⑤蓄集雨水　垄上降雨顺垄流入沟中，两个面上（牧草建植区和集雨区）的降雨集中到一个面上（牧草建植区），牧草建植区水分产生叠加，无效降水变为有效降水，降雨入渗越深，蒸发损失越小，可提高牧草种子的出苗率和成苗率。

⑥提高地温　垄覆膜沟覆秸秆能够提高地温，促进土壤微生物活动和速效养分释放，增加有效积温，延长牧草生育期，有利于提高牧草生产潜力，具有明显的增产效果。

⑦减少苜蓿叶片脱落和有利于刈割后晾干　该旱作苜蓿草地建植方法在田间形成沟垄相间的微地形，凸凹起伏垄作地面改善了近地面附近的田间小气候，使通风透光性增强、群体内风速增加、二氧化碳的含量增加，有利于促进叶片的光合作用，促进植株健壮发育和刈割后风干。

⑧操作简单　该方法操作简单、投资少、见效快、农民易接受、便于大面积推广。

3. 荒漠灌区全膜覆土精量穴播种植　全膜覆土精量穴播技术集全膜覆盖、膜上覆土、开穴播种、精量控制为一体，是对传统地膜覆盖穴播技术的创新和发展。

(1)全膜覆土精量穴播种植的要点

①翻熟化土壤，重施基肥　选择土层深厚、土壤肥沃的川旱或梯田地块，要求地势平坦，最大坡度不超过 15°。前茬为禾本科作物，收获后，深耕耙耱，平整土地，做到地面平整无根茬、无坷垃。播前结合深耕施入农家肥 60～70 吨/公顷，尿素 75～120 千克/公顷，普通过磷酸钙 700～800 千克/公顷。

②覆膜　选用厚度为 0.08 毫米，幅宽 120 厘米黑色地膜。覆膜时间依据土壤墒情而定，墒情好时边覆膜边播种，墒情差时则要等雨抢墒覆膜提墒保墒。如果土壤湿度过大，翻耕晾晒 1～2 天后耙松平整，再覆膜播种，以避免穴播机的播种孔被堵塞。覆膜要求

平整，使地膜紧贴地面，同时在膜上覆土 1 厘米左右。覆土过厚穴播机不易破膜，且容易造成板结；覆土过薄则压膜不实，易造成穴孔错位或大风揭膜，同时易使地膜老化破损，不利于多茬种植。

③播种　播种时穴播机采用与覆膜同方向播种，可减轻播种穴和地膜孔错位现象，减少放苗量。播种深度一般为 1～2 厘米，播种时可将苜蓿种子和沙以 1∶40 的比例均匀混合播种，并随时检查播种孔，严禁倒推，防止播种孔堵塞造成缺苗断垄。行走速度要均匀适中，以保证穴距均匀防止损坏地膜。雨后要待膜面水干时才能播种，防止堵塞播种孔。覆膜后要防止人、畜践踏，以延长地膜使用寿命，提高保墒效果。若采用覆膜与播种一体机，覆膜、播种质量会更好。

④及时破板放苗，查苗补苗　如因穴苗错位造成膜下压苗，应及时放苗封口；有断垄现象应及时补苗；播后如遇雨板结应人工破板及时放苗。结合放苗，如有杂草钻出地膜时需人工铲除。冬季要管护好地膜，严禁人、畜践踏。

(2)全膜覆土精量穴播种植的优点

第一，播种期可提前 10 天，保证了播种当年收割 3 茬，每 667 米^2 产量达 620～700 千克，第一年增产 2～3 倍。苜蓿种子在土壤 10 厘米温度达 10℃以上才能发芽，铺黑地膜可以迅速提高地温让种子发芽，防止地温低时种子在潮湿土壤中腐烂变质。

第二，苗全。将苜蓿种子和沙以 1∶40 的比例均匀混合，其出苗率大幅度提高，达到了 90%以上，每 667 米^2 用种量从 2.0 千克降到了 1.2 千克，且每 667 米^2 节约种子 0.8 千克。

第三，第二年有地膜，春季提前 15 天返青，秋季地温下降慢，多生长 15 天，1 年可以收割 4 茬，每 667 米^2 产量提高 150 千克，每年增产 30%以上，粗蛋白质达 18%～20%，产量和牧草品质都提高 20%以上，市场价格大幅提升，增效非常显著。

第四，节水。由于改进了全膜覆土技术，使得地膜被大风刮掉及错位的概率大大缩小，同时降低了水分蒸发。普通种植1年收获3茬，每年灌溉7次，年平均产量为1 000千克；铺膜1年灌溉6次，每667米^{2}每年节约160米^{3}水，铺膜苜蓿每年收割4茬，每667米^{2}产干草量为1 100～1 200千克，7年每667米^{2}可净增1吨干草，苜蓿品质好，售价高，经济和生态效益显著。

第五，化肥、农药使用量大大减少，尤其是拌种材料由小米、复合肥、尿素改为粗沙，生产成本大幅下降。

第六，防杂草。全膜覆土可以除灭膜下的杂草，使苜蓿在幼苗期免受杂草的侵害，第一茬的优质草比例达70%以上。

（六）苜蓿田管理要点

1. 杂草防除　清除田间杂草是紫花苜蓿种植非常关键的技术措施，因为紫花苜蓿苗期植株矮小、生长缓慢，极易受到杂草的危害。幼苗高度达10厘米左右时，手工或用除草剂清除杂草，避免杂草与紫花苜蓿争水争肥，有利于幼苗生长。每次刈割后或第二年早春返青时也要清除杂草。

2. 追肥和培土　氮肥具有促使紫花苜蓿植株生长，根瘤菌瘤数量增多，增加产量的作用；磷、钾肥具有提升根瘤菌活力，增强固氮能力，提高牧草品质的作用。中耕培土能有效地疏松土壤，积蓄水分，消灭杂草。播种当年，苗期进行追施尿素225千克/公顷，追肥后及时中耕培土。每次刈割后和第二年春天返青时结合培土追施三元复合肥225～300千克/公顷，有利于根系生长。

3. 病虫害防治　苜蓿幼苗期非常容易受病虫侵害，受气候等因素影响，易发生霜霉病、褐斑病等病害，易受草地螟、蓟马、扁豆夜蛾、跳甲及芫菁的危害，一旦发现病虫害要及时防治。对常见病虫害应提前预防。

4. 越冬管理　为保证苜蓿安全越冬，适时冬灌很重要。若提前冬灌，土壤水分会大量蒸发掉；若延迟冬灌，土壤表层结冻而无法渗透大量水分；最佳冬灌期为月平均气温 0℃左右。适时冬灌有助于提高整个冬季土壤含水量，起到土壤保温防寒作用，进而提高苜蓿的越冬返青率。经测定，适时冬灌比未冬灌的抗寒越冬率高 35%～40%。

对当年苜蓿冬灌后覆盖可提高抗寒越冬力。经小面积试验测定，冬灌后施入 1 厘米厚草木灰，越冬率比对照高 5%～10%，这是因为草木灰呈黑色，具有很强的吸热力；冬灌后施入 2 厘米厚的马粪，越冬率也有明显提高。

5. 返青期管护　4 月初至中旬，气温回升到苜蓿生物学起点以上时再生芽开始萌动，此间温度变化幅度大，易发生“倒春寒”现象。在冻融交替的变温条件下，根颈极易遭冻害。此时及时灌解冻水，对根颈可起到保温增温作用，防止冻融交替引起的根颈腐烂。经调查，根颈受冻变黑多发生在冷热剧变的早春，全株受冻死亡则发生在冬季的全过程。返青期禁止家畜进入草地践踏啃食苜蓿。

三、收获利用

紫花苜蓿播种当年刈割 1 次，生长第二年刈割 2～3 次为宜。第一次刈割在初花期进行，此时刈割牧草产量最高、品质最好，最晚不要超过开花率的 15%。第二次刈割不宜太晚，在早霜来临前 1 个月左右进行，使紫花苜蓿刈割后再生长一段时间，以便储备养分安全越冬。刈割时的留茬高度以 5～8 厘米为宜，留茬过高，直接影响牧草产量，留茬过低则会伤害分枝点，影响后期生长发育，导致下茬产量降低。

种子田间管理应精细，不能割草利用。紫花苜蓿种子成熟在 7 月下旬至 8 月上旬，当 70%的豆荚由绿色变褐色后，立即收获，在清晨有露水时收割拉运，防止炸角脱粒，及时晾晒碾打，妥善贮存。

第三节 湿热区苜蓿栽培与利用

我国南方农区地理位置优越、温暖湿润，是重要的农业生产和畜牧业生产基地，被视为全球同纬度地区发展种植业和畜牧业的一块宝地。近年来，紫花苜蓿在我国北方地区发展很快，许多省(自治区)均有大面积种植，但在南方地区其发展明显滞后，农户的生产积极性普遍不高，仅零星种植，生产效益不高。这同南方农区的生态条件与紫花苜蓿的栽培条件不匹配有关。南方高温、高湿、土壤酸性黏重及地下水位高的环境条件，制约着紫花苜蓿的正常生长。尤其南方夏季湿热的天气持续时间长，病虫害高发，紫花苜蓿植株越夏困难。加上南方农区是我国粮食主产区，为确保国家粮食安全，“守住全国耕地不少于 18 亿亩这条红线”，农区以粮经作物为主的政策方针不会有很大的改变。然而，随着农业产业结构调整的深入和畜牧业由耗粮型向节粮型转变，农区牧草生产显得尤为重要，是南方农业耕作制度改革的必由之路，更是实现我国生态、经济和社会可持续发展的必然选择。

南方农区充分利用冬闲田种草养畜对提高农业生产效率和增加农民收益具有重要作用。南方冬闲田以种植多花黑麦草最为常见，发展较为成熟。但是草食畜禽业的发展需要丰富的蛋白质饲料，而南方农区优质豆科牧草缺乏，奶牛生产中每年需从我国北方或国外大量购买优质牧草产品。因此，利用冬闲田生产优质豆科牧草，发展潜力很大，将是南方农区牧草生产的重点发展方向。

紫花苜蓿为全世界公认的优质豆科牧草，近年来在南方农区的引种试验逐年增加。在此形势下，发展南方农区紫花苜蓿的种植模式，有利于推动南方农区紫花苜蓿产业高效、快速、持久地发展，具有重要的现实意义。

一、湿热区苜蓿的种植模式

据统计，我国南方15省（自治区）水稻种植面积近2 500万公顷，水稻产区冬闲田闲置面积很大，是极其重要的草地农业资源。借鉴发展成熟的“多花黑麦草—水稻”草田轮作模式，田闲种紫花苜蓿具备相当的潜力。紫花苜蓿本为多年生牧草，根据南方农区冬季气温较高、光照充足等有利条件，借鉴甘薯等多年生植物季节性栽培利用的成功经验，选择秋眠级较高的品种，利用冬闲田半年多时间，越年栽培，可作1年生冷季型牧草利用。南方农区紫花苜蓿秋播春用，一方面减少了苗期杂草的危害，另一方面避开了南方夏季高温高湿的不利气候因素，有利于紫花苜蓿生长。南方农区紫花苜蓿季节性栽培，使大量的冬闲田得到有效利用，在翌年春为家畜提供充足的优质青饲料，缓解了当地蛋白质饲料严重匮乏的问题，并改土肥田，促进后作增产。

林下种草是一种高效的生态农业模式。南方农区一些丘陵、低地和部分中山区有许多疏林地、果园地、经济林，尤其丘陵红壤区是我国经济林果的主产区。利用林下空隙，在晚秋至春季落叶季节种植紫花苜蓿，发展林草复合农业系统，有巨大潜力可挖。紫花苜蓿耐寒性强，可充分利用落叶林、果树冬眠期的光能和热能生长，提高资源利用效率。林下紫花苜蓿将以林草的生物复合作用最大限度地减少水土流失，蓄水保墒。另外，因紫花苜蓿具有固氮解磷的特殊功能，林下紫花苜蓿能有效提高土壤有机质含量，增加氮、磷等速效养分，这样就极大地改善了树木对水和肥的需求，促进林木健康生长，提高水果的产量和品质。

二、适宜品种选择

耐湿热环境的半秋眠型和非秋眠型紫花苜蓿优良品种有德宝、艾丽丝、四季旺等、维多利亚、WL-525HQ、WL-414、盛世、赛特、三得利、维多利亚、游客和四季旺，在湿热地区秋播均能安全越冬，翌年春季生长良好，表现出较好的生态适应性。这些紫花苜蓿品种在南方种植有以下特点：①四季常绿，生长停滞期短。秋播，第二年 2～3 月份返青，返青后迅速恢复生长，生长期可持续到当年的 10～12 月份，开花期较长，可延续 3～4 个月；②再生快，产量高，刈割次数多。3～5 月份是紫花苜蓿的快速生长阶段，生长速度最高可达 3 厘米/天，30～40 天就可刈割 1 次，1 年可刈割 5～8 次，产量高峰主要在前 1～4 茬，种植当年的鲜草产量在 75 000～106 000 千克/公顷，产量远高于当地传统豆科牧草白三叶(7 500～9 000 千克/公顷)；③草质鲜嫩，含水量高，消化率高，其木质化程度相对降低，鲜草的适口性较好，但由于鲜草水分含量高，也给紫花苜蓿青贮和调制干草造成一定困难；④生长年限较短，易发生湿害，栽培管理水平要求较高。相对北方地区来说，苜蓿的生长年限要短，生长到一定年限会出现退化，管理不良更会加快苜蓿的退化，管理水平高可延续苜蓿的生长年限，雨后及时排水并在刈割后采取适宜的施肥措施可以提高苜蓿的产量和品质。

三、栽培方法

(一)播前土地准备

1. 改土　苜蓿对酸性土壤极为敏感，南方大部分土壤偏酸性，部分土壤 pH 值在 5 以下，对牧草来说已属强酸性土壤，而苜蓿生长的适宜 pH 值为 6.5～7.5，酸性土壤是限制紫花苜蓿在南方生长的主要因素。苜蓿可以在酸性土壤中发芽，但取决于土壤中有机质的含量，当有机质含量太低时发芽后的苜蓿幼苗生长十分缓慢，出苗几天遇到阳光暴晒极易脱水死亡。苜蓿在酸性土壤中的结瘤和固氮也受一定的影响。苜蓿根瘤菌在酸性土壤中成活率降低，在酸性土壤中苜蓿根分泌物少，根瘤菌在根际的有效繁殖减少。在酸性条件下，铁、锰、铝等元素的溶解度大大提高，钙、磷、铝等元素因淋溶减少。前者对苜蓿造成毒害，后者则抑制苜蓿生长。在酸性土壤中施用石灰不仅能调节土壤 pH 值，而且能增加钙、磷元素从土壤中溶出，对苜蓿生长、结瘤和固氮都有促进作用。石灰用量为 4 500 千克/公顷时，土壤 pH 值变化最大，苜蓿干草产量、株高、分枝数最高，为最经济用量。

施石灰在调整土壤酸碱度的同时，也增加了土壤中钙的含量，可促进苜蓿生长，提高苜蓿产草量。钙对苜蓿生长的主要作用：对细胞壁和细胞膜的合成和稳定有重要作用，有利于茎叶生长；钙是酶的活化剂，能促进硝态氮的吸收利用，抑制细菌的侵染，提高苜蓿产品贮存期；有利于碳水化合物运转；钙通过改善根系生长状况，刺激微生物活性，提高微量元素的有效性，有利于苜蓿吸收；固氮菌大量需要钙；中和体内有机酸，减轻土壤中钠、铝过多引起的毒害，在苜蓿体内起解毒作用。

因石灰与土壤中有机酸的反应相当慢，应在播种前 1 年施用，这才能给石灰与土壤间的反应创造足够的时间。将石灰撒到土壤表面，先旋耕，然后犁耕，使其与土壤充分混合，以最大程度地实现整个耕层酸性土壤的中和化。如果只是犁耕而不旋耕，石灰就会在犁底的那一层沉积。

石灰的施用效率主要取决于其化学纯度和研磨的粗细程度。石灰越细，效率越高。可供施用的石灰材料有几种不同的形式。钙质石灰石包含以钙为基础的中和物，而白云石来源的石灰材料则同时拥有钙、镁两种元素，它们都可有效改变土壤 pH 值。某些观点认为，土壤中钙、镁比例较低时，应施用钙质石灰石。研究结果并不支持这种观点，事实上，所有中西部和东北部土壤中的钙、镁比例都处于最适范围内。白云石来源石灰石本身的钙、镁比例就在适合植物生长的正常范围内。通过添加钙质石灰石或石膏来达到增加土壤钙素或改变土壤钙、镁比例的做法，既不经济，也不可取。

一些其他副产品，如造纸厂的石灰沉积物和水处理厂的石灰沉淀物，都可用作田间的石灰施用材料。但某些石灰材料的相对有效性变化较大，施用前应确保了解它们的中和能力。

2. 排水　紫花苜蓿耐旱性较强，怕积水，土壤积水会使根部腐烂。研究表明，50%～60%的田间持水量最适合紫花苜蓿生长。南方地区雨水较多，降水集中，洼地容易积水，需要人工修建排水系统，并长期保持地下水位在1米以下。

（二）播种方式及播种量

南方地区苜蓿的播种期要因地制宜，以当地气温、雨量、轮作制度和栽培用途而异，一般10厘米地温稳定在5℃～8℃、田间持水量在60%左右时就可以播种。紫花苜蓿可春播和秋播，以秋播为主。春播一般在2月下旬至3月中旬进行，秋播在9月份至10月下旬。条播，行距30厘米，播种量为15～22.5千克/公顷，播种深度2～3厘米，覆土深度1～1.5厘米。

（三）苜蓿田间管理

1. 苗期管理　紫花苜蓿播种后，苗期生长缓慢，抵抗力差，易受到杂草、病虫、恶劣自然环境的影响。特别是在种子发芽还未出苗之前，遇到降水或其他情况，会使土壤表层板结，影响出苗，甚至造成严重缺苗。出现板结时，要尽快破除板结，也可采取轻度灌溉的方法。此外，大雨、强风、低温、病虫等均会危害幼苗生长，可根据实际情况采取相应的措施，保护紫花苜蓿安全度过幼苗期。

2. 中耕除草　紫花苜蓿出苗后易受杂草危害，严重时会导致种植失败，因此田间管理要细致。播种前对土壤中的杂草及其种子进行一次清除；苗期适时除草2～3次。第二年返青萌发时及时清除地表和行间枯叶并防止蚜虫等危害。

3. 施肥　为使苜蓿高产、稳产，苜蓿苗期可施适量氮肥，以促进幼苗快速生长。在每次刈割后应立即结合下雨进行追肥，追肥以磷肥为主，施磷肥能显著促进紫花苜蓿茎叶的生长，提高干物质产量，并能改善紫花苜蓿的饲草品质。紫花苜蓿对硫、硼和钼等微量元素的需求较为敏感，增施这些微量元素可以增加干草产量，并使植株更健壮。另外，在每年越冬返青后第一次刈割前应追施适量的氮肥和磷肥，以提高青草的产量和再生产能力。

4. 及时排水 苜蓿是一种需水较多的作物，但苜蓿同时又是一种不耐水淹的作物，水淹连续 3 天部分植株就会烂根死亡。苜蓿在南方多雨季节易出现倒伏和徒长，不利于开花和形成果实，且土壤过湿会导致落蕾和落花。南方高温、高湿地区降水丰富，特别是梅雨季节降水量大、积水严重，排水要及时。

5. 病虫害防治 南方夏秋季温度高、湿度大，易发生病虫害，苜蓿受病虫危害后，会引起茎叶枯黄或出现病斑，叶片残缺甚至落叶，生长不良，致使产草量下降、品质变劣，对苜蓿生产极为不利。

四、收获利用

紫花苜蓿刈割期视用途而定。用于牛、羊、兔等鲜饲，一般选择在苜蓿的分枝期到现蕾初期刈割，刈割后切短和其他饲料拌和生喂，不宜单喂，以避免营养不良和牛羊瘤胃臌气。用于调制干草，刈割一般选在苜蓿的孕蕾期至初花期，此期刈割调制的苜蓿干草粗蛋白质含量可保持在 17%以上。

紫花苜蓿晾晒技术要得当。在北方刈割后当地晾晒 1 天即可青贮，而在南方刈割后不易晒干，特别是到梅雨季节，不易加工制作，可按天气预报安排最佳收获时间。

第六章　苜蓿间作、混作与轮作

第一节　苜蓿间作

间作(row intercropping)是指在一个生长季节内,在同一块田地上将两种或两种以上不同的作物或牧草按照一定的行距成行或成带相间种植。间作是我国传统农业的重要组成部分,在农业的可持续发展中占有不可替代的地位。作物间作系统与单作相比能够提高光、水分、土壤养分等生长资源的利用率及杂草病虫害的生物防控能力,从而增加系统总产和土地利用效率。间作的效应有异质效应、密植效应、边际效应、时空效应和补偿效应。间作在一定程度上改善了生态环境,增加了社会效益、经济效益和生态效益。

间作是使作物种植在时间和空间上集约化的耕作制度。早在2 000 多年前的《氾胜之书》就有关于作物混种的记载。1 400 多年前我国杰出农学家贾思勰所著的《齐民要术》中进一步记述了多种间套作方式。明代以后间作已比较普遍并得到发展。20 世纪 60 年代以来间作面积迅速扩大。我国旱作区间作类型主要分为农林间作、林草间作、粮草间作和粮粮间作 4 种。目前,粮草间作是我国农业种植业结构的调整、提高单位面积产出量及经济效益的有效途径。

一、间作增产原理

苜蓿是世界上最重要的牧草之一,具有覆盖地面、防风固沙、培肥地力的作用。研究表明,苜蓿与农作物间作可以充分利用光、水、热、肥等条件,从而达到提高产量和品质的目的。间作效益产生及增产机制有以下几个方面。

(一)间作提高了光能利用率

由于豆科和禾本科牧草在形态学方面有着显著的差别,如豆科牧草叶片分布较高,禾本科牧草则较低;豆科牧草叶片平展,禾本科牧草的叶片斜生,这种叶片和枝条的成层分布及叶片的不同空间排列对于光线的利用是很重要的。玉米与苜蓿间作使得种植结构发生改变,群体内的光分布均匀,提高了土壤光能利用率,增加了经济收入。

(二)田间群体小气候的变化

间作形成的带形结构,改变了群体中的田间小气候,使群落环境得到改善。间作处理的各层的相对风速都比单作高。将农作物与优良牧草苜蓿间作,既满足了粮食需求,又为发展畜牧业提供了饲料来源,有效地缓解了人地矛盾、草畜矛盾,为农牧业持续健康发展奠定了基础。

(三)土壤结构及肥力因素的改善

间作在一定条件下还具有养地的作用,使用地和养地很好地结合起来。禾本科与豆科作物间作时,豆科作物的根瘤菌可固定大气中的氮素,改善禾本科的氮素营养状况,同时丰富土壤中的氮素。苜蓿间作还能有效控制地表径流,减少水土流失,提高土壤养分含量,提高耕地质量,减少化肥、农药的施用量,具有显著的经济效益、环境效益和社会效益。

(四)复合群体的抗灾害机制

间作复合群体改变了作物单作时的田间小气候状况,直接影响病虫害发生环境,可使生态可塑性较小的病虫害减轻;而且间作中作物种类增多,也可因害虫天敌增多而减轻虫害。单作对自然灾害的抵御性单一,当发生严重自然灾害时,容易受灾减产甚至绝收。但是利用各种作物对自然灾害的抗逆性不同,如有的抗旱、有的耐涝,通过间混作将它们合理组合,则有利于减轻自然灾害的损失,在生产条件较差和技术水平较低的情况下,更成为抗灾的基础。

面对当前我国资源匮乏、能源短缺、环境污染、粮食生产安全等问题,苜蓿间作在促进农业的增产、增收及质量型畜牧业的快速发展,改善生态环境,保证国家粮食生产安全和国民经济的可持续发展中将发挥越来越重要的作用。

二、苜蓿间作栽培模式

(一)“苜蓿—玉米”间作模式

在我国苜蓿作物间作中,“苜蓿—玉米”间作较为广泛(图 6-1)。在黄土高原地区,采用 10 米苜蓿带+10 米玉米带的间作模式,提高了土壤含水量,产沙量明显减少。间作能有效地拦截泥沙,减少土壤侵蚀,蓄水效益高出近 30%,保土效益增加约 57%。在山东泰安地区,苜蓿、玉米行数比分别为 2∶2、3∶2、4∶2 和 5∶2,共 4 个间作处理,苜蓿、玉米行数比为 5∶2 的间作模式营养物质、生产能力以及反刍动物瘤胃可降解养分含量表现出最佳优势。

在河北沧州,间作模式:处理 1—T_1 为玉米大行距 80 厘米,小行距 50 厘米,株距 26 厘米;处理 2—T_2 为玉米大行距 100 厘米,小行距 40 厘米,株距 24 厘米;处理 3—T_3 为玉米大行距 120 厘米,小行距 35 厘米,株距 22 厘米;处理 4—T_4 为玉米大行距 140 厘米,小行距 24 厘米,株距 20 厘米。随玉米大行距的加大,玉米行间和苜蓿带与玉米带间隔中部、底部的光照强度和透光率

图 6-1 苜蓿玉米间作

均表现出增大趋势；间作处理的有机质、有机氮、速效氮与对照比较均呈增加趋势，土壤有机质、有机氮、速效氮含量随玉米大行距的加大均呈增加趋势；3 个试验年份玉米籽粒产量均以 T_2 处理最高，除 T_4 处理外其他处理产量均高于对照，苜蓿产量随玉米大行距的加大均呈增加趋势；3 个试验年份所有间作处理单位面积纯收益均高于对照，以 T_3 处理最高。

在东北农牧交错带，玉米、苜蓿间作比例为 1∶1，即 2 垄苜蓿之间种 1 垄玉米，苜蓿为 3 年生，播种方式为条播，播种量为 10 千克/公顷，垄距 80 厘米；间作玉米在苜蓿的垄间播种，株距为 34 厘米。在间作条件下，玉米、苜蓿产量均低于单作，但是间作的土地单位面积产值增加，提高了土地利用率，缓解了农牧交错地区的草畜矛盾。间作玉米与单作玉米、单作苜蓿相比，净光合速率呈现下降趋势或有所下降。

(二)“小麦—苜蓿”间作模式

在河北省栾城县(华北山前平原高产农区的典型代表区)，“小麦—苜蓿”间作田可显著降低蚜虫的种群密度及其对小麦的危害性，小麦的产量可提高2倍多；间作显著影响了麦田中几种优势天敌的种群密度和种群动态；间作使得天敌组合中各成员的数量在时序上分布更为均一，间作优化了这一天敌组合。

（三）"苜蓿—燕麦"间作模式

在陕西关中地区，燕麦与苜蓿以3∶1的比例进行间条播种植，生产性能最好，干草产量和粗蛋白质产量均很高，分别比单播燕麦增产12.0%和8.6%，单位面积获得的干物质产量和粗蛋白质产量均很高。

（四）"苜蓿—谷子或糜子"间作模式

在宁夏南部旱区15°坡耕地上，谷子和糜子间作苜蓿，同粮食单作相比，草带宽∶粮带宽分别为4∶4、4∶6、6∶4、6∶6、6∶8、8∶6和8∶8等7个粮（谷子或糜子）草（苜蓿）条带间作种植模式的作物，生育后期单株叶面积和单株质量明显增加，作物水分利用效率提高0.99～1.57千克/米^3，产量增加3.02%～15.72%，地表径流减少6.86%～58.42%，泥沙流失量减少56.09%～100%；不同粮草带比间作种植模式比较，带距越窄，粮食增产效果和整体水土流失防治效果越佳，尤其是4∶4、4∶6和6∶4 3种带比间作种植模式的综合效果较好。

（五）"棉花—苜蓿"间作模式

在甘肃干旱半干旱绿洲灌溉农业区，棉花种植为地膜覆盖栽培，膜宽160厘米，膜间距50厘米，每膜种4行，行距40厘米，株距16厘米，4月中旬播种。在棉花膜间的土垄内间作紫花苜蓿，土垄宽0.3米，3月中旬播种；间作苜蓿带对棉田节肢动物群落的影响相当大，间作苜蓿棉田天敌的控害能力强于对照棉田；间作苜蓿棉田天敌的生态位宽度和主要天敌如蜘蛛类、多异瓢虫与害虫生态位重叠度大于对照棉田，更能有效地控制棉花害虫的危害。

(六)"苜蓿—马铃薯"间作模式

在黄土丘陵沟壑区，紫花苜蓿分别与马铃薯、春小麦、鹰嘴豆间作，带宽 3.6 米，幅宽 1.8 米。其中马铃薯与紫花苜蓿间作模式能更有效地减少地表径流量、降低土壤侵蚀量，免耕秸秆覆盖处理的马铃薯间作模式防治坡耕地水土流失的效果更佳。

(七)"苜蓿—印度芥菜"间作模式

有资料显示，印度芥菜和苜蓿间作使苜蓿产量大幅度提高；土壤镉浓度较低时，印度芥菜与苜蓿间作使印度芥菜吸镉量提高；在一定土壤镉浓度范围内，利用印度芥菜和苜蓿间作的种植方式可以有效降低苜蓿地上部镉含量，保证饲料生产安全，并提高印度芥菜的净化效果。

(八)"林果—苜蓿"间作模式

在黄土高原丘陵沟壑区，陇东苜蓿分别与柽柳、沙棘、山桃、山杏、侧柏等进行间作(图 6-2)，其种植模式兼顾了生态、经济和社会三大效益，不仅农民增收致富，同时达到了改变土地利用结构、恢复植被、减少水土流失、改善生态环境的目的。在平凉地区庄浪县油松间作苜蓿总利润最高，为单纯种植农作物的 5.16 倍；"桑树—苜蓿"间作，在第二次刈割时，间作桑树的株高、叶生物量、茎生物量和叶片粗蛋白质含量分别比单作桑树增加了 9.2%、36.4%、61.1%和 12.7%；间作苜蓿的株高、主茎分枝数、叶绿素 a 含量、叶绿素 b 含量和粗蛋白质含量分别比单作苜蓿增加了 8.7%、26.7%、11.4%、20.5%和 21.4%；间作桑树根际土壤的有机氮含量、速效氮含量、脲酶活性分别比单作桑树增加了 3.3%、21.5%和 32.7%；间作苜蓿根际土壤的有机氮含量、速效氮含量、脲酶活性分别比单作苜蓿增加了 3.4%、26.6%和 32.3%。

图 6-2　杨树林苜蓿间作

在河南驻马店蚁封林场，将紫花苜蓿于 4 月份在杏李的行间播种，其对天敌功能团的演替产生了一定的作用，杏、李树不同发育阶段中，天敌功能团的群落参数随物候改变而改变。

在甘肃省河西走廊，临泽“小枣—紫花苜蓿”间作复合系统需水量较单作增加，从单种枣树和紫花苜蓿及其复合种植的需水量可以看出，“枣树—紫花苜蓿”间作复合系统不适应大面积发展，发展时应加大枣树带宽，枣树带内不宜种紫花苜蓿。

在山西地区，“枣树—苜蓿”间作不仅可以增加枣林植被的多样性，扩大捕食性天敌昆虫的生态容量，而且有助于实现枣树生产可持续发展和有害生物生态调控。

(九)“苜蓿—茶树”间作模式

在安徽地区，幼龄茶树与紫花苜蓿以不同密度进行间作，茶树在 3 龄内，双行条栽，株行距 40 厘米×40 厘米，双条间距离 2 米；紫花苜蓿在茶树行间双条间条播，行距 40 厘米，播种量 18 千克/公顷；茶树与苜蓿间距分别为 30 厘米、60 厘米、90 厘米。在盛夏季节，间作能降低茶园光照强度、空气温度，提高系统内的空气湿度，改善土壤温度和物理性状，且随着间作密度的增加其效应更加明显。“茶树—苜蓿”间作能促进茶园生态系统良性循环。

第二节　苜蓿混作

牧草混作(pasture mixed-sowing)是指同期混合种植两种或两种以上的牧草于一块土地上的种植方式。混播方式在形态上、生长发育上、营养资源利用上、时空生态层位上都存在相互补充而非彼此竞争。目前，在牧草学科上牧草混播专指豆科牧草与禾本科牧草在田间混作或间作。通常苜蓿生产商品草，如干草、草粉、草颗粒、草块、草饼等，只能采用单播栽培模式，原因是商品草要求质量纯一。但在养殖户自产自用中，单播苜蓿草地不仅群落单一、结构简单、时空失调、能源利用不足、持久性不强，而且草地生产力不稳定，尤其是青刈饲喂或放牧奶牛易使其暴食发生臌胀病。为此，采用苜蓿与禾草混播栽培模式，则可使草地群落种群间时空和能源利用上得到优势互补，同时混播组合优化可使种群间互作效应增强、草地生产力提高、群落稳定性持久，即使放牧或青刈饲喂也可以显著降低奶牛臌胀病的发生，刈割青贮也容易获得成功。

一、混作增产原理

(一)合理的空间分布

混播牧草的根系分布深度不同，可以从不同深度的土层中吸收水分和养料。豆科牧草从土壤中吸收较多的钙、镁、氯，而禾本科牧草吸收较多的磷、硅、氯。禾本科牧草和豆科牧草的叶片在草层中的分布不同。以草层平均高度 100 厘米为例，在距离地表 30 厘米以内，禾本科牧草叶片占全部叶量的 64%，而豆科牧草叶片仅占到23%，加上这两类牧草叶向的不同，使得它们在草层中能够更好地利用空间和光照条件。

(二)产量互补效应

由于不同类型牧草的寿命不同，生长速度也不一样，当其中一种牧草衰退时，另一种牧草可以弥补上，因此各年产量比较稳定。据研究，苜蓿与无芒雀麦混播，较苜蓿单播提高产量16.1%；苜蓿与高羊茅混播，较苜蓿单播提高产量23.1%；苜蓿和无芒雀麦混播，播种当年混播各处理产量高于单播无芒雀麦却低于单播苜蓿，第二年混播各处理产量极显著高于单播苜蓿和单播无芒雀麦；总体来看，间行混播高于同行混播，豆禾比1∶1优于1∶2再优于2∶1，但豆禾1∶2间行混播效果最好；杂花苜蓿和无芒雀麦混播比例3∶7草地群落，播种当年混播产量高于单播苜蓿和单播无芒雀麦，之后第二、第三年却明显低于单播苜蓿而高于单播无芒雀麦，混播延长了产草量积累时间，使得产量高峰期出现晚于单播；新疆大叶苜蓿和北疆苜蓿分别与老芒麦豆禾比5∶5同行条混播草地，2年后无论新疆大叶苜蓿还是北疆苜蓿，与老芒麦混播的干草产量均显著高于同种单播苜蓿和极显著高于单播老芒麦，其中新疆大叶苜蓿生长第二年的长势好于北疆苜蓿，但到第三年却不如北疆苜蓿。

(三)土壤结构及肥力因素的改善

混播牧草是提高土壤肥力的重要手段。实践证明，豆科和禾本科牧草混播能在土壤中积累大量的根系残留物。禾本科牧草根系浅，具有大量纤细的须根，主要分布在表层30厘米以内；而豆科牧草根系深，入土深度达1～2米，甚至更深。混播增加了单位体积内根系的重量，这些根系死亡之后即成为土壤腐殖质的来源。禾本科的须根把土壤分成细小的颗粒，豆科根系能从土壤深层吸收钙质，钙与土壤中的腐殖质结合，形成水稳性的团粒结构。因此，混播提高了土壤肥力，使后作具有显著的增产作用。苜蓿和无芒雀麦混播草地的土壤养分积累变化，随着草地生长年限的延长，无论混播草地还是单播草地土壤有机质含量和速效钾含量呈递增趋势，表层（1～10 厘米）土壤速效氮含量呈递增趋势，而下层（10～30 厘米）土壤速效氮含量却呈下降趋势；单播无芒雀麦土壤有机质含量比混播和单播苜蓿都高，而其速效氮含量最低。表明不同草地类型土壤有机质和速效养分的积累有差异，混播有利于速效氮的累积。

（四）减轻杂草的危害

混播草地茎叶繁茂，周密的草层抑制了杂草的生长发育，使其生长细弱，分枝分蘖减少。特别是混播牧草封垄后盖度增大的情况下，杂草的竞争力削弱，生长锐减，开花结实率降低，产生种子困难。遗留在土壤中的杂草种子出苗率低，即使出苗也因混播牧草的遮阴，不能进行光合作用而饥饿死亡。混播牧草减轻杂草危害的程度取决于混播牧草的组成、混播群落的密度和稳定性。混播群落稠密稳定，杂草就少；反之，就较多。

二、混作的优越性

牧草混播，除稳产、高产，改善土壤结构、提高土壤肥力、减轻病虫草害外，还有以下优势：

（一）改善牧草品质

由于豆科牧草含有较高的蛋白质、钙和磷等，禾本科牧草含有较多的碳水化合物等，二者混播比单播牧草营养成分全面，品质优良；而且，牧草混播还可防止一些疾病的发生，如多数豆科牧草草地，易引起反刍家畜的臌胀病，混播牧草由于禾草比例增加，皂素含量下降，可避免此病发生；苜蓿含植物雌激素，在单纯苜蓿草地放牧常引起家畜假发情，混播也可避免发病。

豆禾混播的饲草品质受混播种类、组分比例、刈牧时期、水肥状况及田间管理和调制方法等多种因素影响。杂花苜蓿和无芒雀麦豆禾比 3∶7 同行混播 2 年生草地，在生长季期间随着生育进程，单播和混播中的苜蓿和无芒雀麦含氮量均为递减，到了生长后期混播中苜蓿和无芒雀麦含氮量有所回升。总的来看，混播明显提高了无芒雀麦的含氮量，尤其到后期更为明显，而苜蓿也有所提高，前期更为明显；苜蓿的总糖含量混播明显低于单播，二者均为双峰型，第一高峰出现在结实期，混播比单播延后近 1 个月，第二个高峰出现在生长季末期，无芒雀麦的总糖含量呈单峰型，出现在生长后期，前期混播有助于其糖积累，后期却急剧下降。据报道，苜蓿和无芒雀麦豆禾比 5∶5、4∶6、7∶3 间行条混播，发现豆禾比 5∶5 混播处理中的苜蓿草蛋白质含量与单播苜蓿相近，而混播无芒雀麦蛋白质含量却极显著高于单播无芒雀麦，中性洗涤纤维和酸性洗涤纤维明显低于其他处理，因此豆禾比 5∶5 混播处理是生产品质优良饲草的最佳混播模式。

(二)利于调制

禾本科牧草茎叶含水较少，水分散失较均匀，又不易脱落，而豆科牧草含水较多，且茎叶所含水分差异较大，水分散失不均匀，干燥时间延长，叶片易损失，调制较难。混播牧草则较易调制，干燥时间缩短，损失也减少。豆科牧草含蛋白质较多，缓冲能较高，含糖较少，单独直接青贮不太容易，与含碳水化合物较多的禾草混贮，可制成优质青贮饲料。

三、苜蓿、禾草混播组合的地域性

苜蓿因越冬能力和栽培条件的局限，其地域性很强，各地有适应自己环境条件和栽培条件的苜蓿栽培品种，同时也有适应自己环境条件和栽培条件的禾本科牧草种及其品种。如何将适应当地环境条件和栽培条件的苜蓿和禾草草种进行组合搭配，形成彼此互补的、和谐的生态系统，并建立一套对应有效的栽培技术体系，国内外对此开展了适应各地条件的混播栽培技术体系研究。

在甘肃河西半荒漠地区适宜的混播组合为7.5%紫花苜蓿＋22.5%红豆草＋17.5%老芒麦＋46.87%草地早熟禾＋5.63%苇状羊茅；在甘肃河西半荒漠地区，13%紫花苜蓿＋9%红豆草＋56%草地早熟禾＋11%无芒雀麦＋11%苇状羊茅组合和18%紫花苜蓿＋6%红豆草＋47%苇状羊茅＋29%草地早熟禾在群落稳定性和抗杂草性能方面表现较好；在甘肃皇城地区，8%甘农1号苜蓿＋7%甘农2号苜蓿＋7%沙湾苜蓿＋78%无芒雀麦混播组合适宜用于刈割草地；在甘肃天祝地区，34%草原2号苜蓿＋33%无芒雀麦＋33%多叶老芒麦、34%草原2号苜蓿＋33%多叶老芒麦＋33%冷地早熟禾和34%草原2号苜蓿＋33%多叶老芒麦＋33%沙生冰草混播组合较适宜冷地草地的建植。

在新疆石河子绿洲区，金皇后紫花苜蓿与新雀1号无芒雀麦按5∶5进行混播，其干草产量和品质最好；在新疆石河子绿洲区，苜蓿与鸭茅6∶4组合和苜蓿与鸭茅5∶5组合显示出混播增产优势；在新疆维吾尔自治区伊犁哈萨克自治州昭苏盆地腹内，紫花苜蓿17%＋鸭茅15%＋无芒雀麦15%＋猫尾草20%＋红豆草25%＋红三叶8%、紫花苜蓿13.6%＋鸭茅18%＋无芒雀麦18%＋猫尾草24%＋红豆草20%＋红三叶6.4%和紫花苜蓿10.2%＋鸭茅21%＋无芒雀麦21%＋猫尾草28%＋红豆草15%＋红三叶4.8%，这3种组合种间相容性、群落稳定性及产量均较高，适宜长期持续利用；紫花苜蓿20%＋鸭茅15%＋无芒雀麦15%＋猫尾草20%＋红豆草30%、紫花苜蓿16%＋鸭茅18%＋无芒雀麦18%＋猫尾草24%＋红豆草24%、紫花苜蓿

12%＋鸭茅21%＋无芒雀麦21%＋猫尾草28%＋红豆草18%、紫花苜蓿20%＋鸭茅25%＋无芒雀麦25%＋红豆草30%、紫花苜蓿16%＋鸭茅30%＋无芒雀麦30%＋红豆草24%和紫花苜蓿12%＋鸭茅35%＋无芒雀麦35%＋红豆草18%，这6种组合产量较高，牧草品质较差，特别是叶茎比较低，适宜放养耐粗饲牲畜；紫花苜蓿30%＋鸭茅15%＋无芒雀麦15%＋猫尾草20%＋红三叶20%、紫花苜蓿24%＋鸭茅18%＋无芒雀麦18%＋猫尾草24%＋红三叶16%、紫花苜蓿18%＋鸭茅21%＋无芒雀麦21%＋猫尾草28%＋红三叶12%，紫花苜蓿30%＋鸭茅25%＋无芒雀麦25%＋红三叶20%、紫花苜蓿24%＋鸭茅30%＋无芒雀麦30%＋红三叶16%、紫花苜蓿18%＋鸭茅35%＋无芒雀麦35%＋红三叶12%、紫花苜蓿50%＋鸭茅25%＋无芒雀麦25%、紫花苜蓿40%＋鸭茅30%＋无芒雀麦30%和紫花苜蓿30%＋鸭茅35%＋无芒雀麦35%，这9种组合产量较低，牧草营养品质较高，特别是具较高叶茎比，适宜放养对牧草品质要求较高的牲畜。

在贵州南部，20%紫花苜蓿＋27%苇状羊茅＋27%多年生黑麦草＋26%扁穗雀麦是建植长期混播草地的较理想组合；在内蒙古中西部黄土高原沙化退化草地，25%润布勒苜蓿＋12.5%草木樨状黄芪＋12.5%扁蓿豆＋50%蒙古冰草，是旱作混合撒播方式建立混播人工草地的适宜混播组合；在青海西宁至大通高速公路老营庄地段边坡，紫花苜蓿与冰草组合适宜于阳坡混播建植护坡植被；在黑龙江哈尔滨地区用龙牧801紫花苜蓿分别与无芒雀麦、扁穗冰草进行混播，其33%苜蓿＋67%无芒雀麦的混播组合可以明显提高干草产量和经济效益。

四、苜蓿、禾草混播的种间关系

苜蓿和禾本科牧草即使都能适应当地的气候条件和栽培条件，但若组合在一起进行混播，则由于混合撒播、同行和间行条混播等混播方式不同，会造成空间分布格局上的差异，进而影响混播群落内各种群间的生态关系。

紫花苜蓿和多年生黑麦草按 1∶3 的比例混合撒播改良天然草场，由于混播组分在株高和叶丛结构上的互补，使得冠层枝茂叶密明显增大植被覆盖度，从而有效遏制杂草的入侵。苜蓿和无芒雀麦按 1∶1 的比例以同行和间行两种条播方式进行混播，冠层结构上，混播促进了无芒雀麦株高的增长而抑制了紫花苜蓿株高的生长；株高整齐度上，无论间行混播还是同行混播都不如单播苜蓿或单播无芒雀麦，由此说明混播对苜蓿和无芒雀麦的部分个体植株产生了影响；分蘖分枝能力上，无芒雀麦是同行混播高于间行混播，而苜蓿却是间行混播高于同行混播；土壤容重以单播无芒雀麦最小，单播紫花苜蓿最大，混播方式间差异不明显；土壤有机质在 0～20 厘米土层中的含量依序为单播无芒雀麦＞间行混播＞同行混播＞单播苜蓿，20～30 厘米土层各处理差异不显著，30～40 厘米土层单播紫花苜蓿显著增加，由此说明各处理根系的分布层位；速效氮以单播无芒雀麦最低，间行混播最高，同行混播和单播苜蓿相差不大，说明无芒雀麦对氮素最敏感，距离苜蓿越近吸收越多；速效磷和速效钾以单播紫花苜蓿最低，单播无芒雀麦最高，混播间相差不大，说明苜蓿对磷、钾敏感。

混播群落种群间竞争互作效应直接影响着群落的走向和稳定性，我国对此也开展了许多理论上的探索和研究。张永亮等(2007)用甘农 1 号杂花苜蓿、草原 2 号杂花苜蓿、草原 3 号杂花苜蓿和敖汉紫花苜蓿分别与无芒雀麦按 3∶7 混播比例进行同行条播。连续 3 年动态研究认为，苜蓿与无芒雀麦混播组合属于不稳定群落，混播当年由于苜蓿和无芒雀麦在环境资源利用中各占有不同的生态位而不存在种间竞争。但到生长第二年后，夏季存在明显种间竞争，说明环境资源没有得到充分利用，混播群落中光资源竞争是种间竞争的关键，温度也有显著影响，春、秋季种间竞争小于种内竞争，夏季则相反，苜蓿竞争力普遍高于无芒雀麦，其中甘农1号杂花苜蓿与无芒雀麦混播相容性和稳定性最好。施肥和刈割等人工技术措施可以调控混播组分比例及各种群的生态位，使得混播群落演替趋势定向发展达到群落稳定的目的。有资料显示，紫花苜蓿与无芒雀麦混播草地，第一年无芒雀麦比例大，此后逐年减少；而苜蓿逐年增多，株高标准差随着年限延长而增大，整齐度随着年限延长而变差。

混播群落在动态演替过程中，由于环境因素的作用、各种群对环境因素的反应差异及各种外力干扰的影响，再加上种间彼此的生态影响，使得群落及各种群在植物学特征、生物学特性、生理生态特征特性上出现不同的反应。杂花苜蓿与无芒雀麦混播的群落和种群生理生态特性，混播降低了苜蓿生长速度和株高而增强了无芒雀麦的生长速度和株高，混播也降低了苜蓿茎叶比而增加了无芒雀麦茎叶比，混播各处理的叶面积指数均低于单播苜蓿而明显高于无芒雀麦，与苜蓿混播使得无芒雀麦的光合效率和水分利用效率得到增强，牧草生育期及环境中温度、湿度和土壤水分都对混播群落和各种群的生理生态特性产生影响。

气候因子对混播群落种间关系的干扰和影响是众所周知的，而混播草地因其固有特性所形成的农田小气候特征却知之甚少。据报道，苜蓿和无芒雀麦按5∶5混播比例以间行和同行2种混播方式建植的2年生混播草地的农田小气候特征，各处理群落冠层光照强度依序为单播无芒雀麦＞同行混播＞间行混播＞单播苜蓿，并与群落叶片空间分布格局有关，单播无芒雀麦基部光过强远超出光补充点而损失很多，单播苜蓿因上层光截获量大而致使基部光弱造成净光合速率下降，混播无论同行还是间行的叶片空间分布都比较均匀，上、下部光强适宜，群落整体保持高态的光合速率；冠层温度依序为单播无芒雀麦＞单播苜蓿＞同行混播＞间行混播，并受光照强度、风速和叶片蒸腾散热的影响；冠层湿度依序为单播同行混播＞间行混播＞单播苜蓿＞单播无芒雀麦，并与冠层温度和风速呈负相关；表层地温仅单播无芒雀麦偏高，因其叶层位低、风速小、光强穿透到地下的缘故，而其他处理变化不大；光照强度和风速对株高的影响很大，与其呈正相关。

五、苜蓿、禾草混播地的管理

混播草地的农艺技术水平和经营管理水平是获得持久高产优质饲草的关键，也是保证混播群落定向演替发展、种间竞争平衡和群落稳定性的关键。

(一)施　肥

1. 氮肥　苜蓿与禾本科混播时，为使禾本科牧草在混播草层中占有一定比例，应施适量氮肥。施用氮肥能促进禾草繁茂生长，提高混播草地产量，改善饲料品质。但施用氮肥不能过量，过量不仅引起苜蓿固氮能力下降，而且导致混播牧草营养成分不平衡，甚至使禾草碳水化合物减少，有机酸和生物碱增加，适口性下降，硝酸盐积累，导致镁缺乏症。针对当前我国草地施肥的实际情况，一般混播草地苜蓿比例超过30％时，不施氮肥；低于30％时，可根据具体情况适当补施氮肥。

2. 磷肥　对于混播牧草来说，追施磷肥不仅能够提高混播牧草产量，而且还能增加豆科牧草的比例，从而提高混播牧草的品质。

3. 钾肥　禾草吸收钾的能力较强，豆科牧草对钾比较敏感。钾能促进生物固氮，有利于蛋白质合成，增强豆科牧草的竞争能力。钾肥宜作基肥，也可在早春施用。钾在土壤中往往容易被淋溶，潮湿地区的许多土壤缺钾，在这些地区种植豆科牧草或豆科—禾本科牧草混播时，尤应注意施用钾肥。在潮湿多雨地区施用钾肥时，应当采取分期少施的办法，尽量避免养分流失。酸性土壤上的混播草地宜施用石灰。如 pH 值不低于 5.7，施石灰对产草量影响不大。我国北方基本没有酸性土壤，一般不必施用石灰。

无论施用何种肥料，都要考虑对混播群落草地牧草种类变化演替的影响，考虑是否有利于混播群落的稳定性。据报道，苜蓿和无芒雀麦播量比为 3∶7 混播草地施尿素、过磷酸钙和氧化钾，发现苜蓿对磷肥效应敏感，无芒雀麦对氮肥和钾肥效应敏感；春播当年由于豆禾牧草共生营养体系未建立，合适的组合施肥有助于群落建植成长，适宜的基肥（千克/公顷）氮∶磷∶钾组合为 200∶300∶200，合理的追肥（千克/公顷）氮∶磷∶钾组合为 300∶500∶300，其中尿素分 2 次分别在返青初期和第一次刈割后施用。

（二）灌　溉

灌溉是混播草地增产稳产的关键，有关灌溉理论及方法详见第二章。

（三）清除杂草，防止虫害

杂草影响混播牧草的生长，影响混播草地建植。尤其是多年生混播牧草早期生长极为缓慢，容易受杂草危害，要及时防除杂草。防除杂草首先要采取预防措施杜绝杂草种子来源，这是最积极有效的方法。它包括建立种子检验制度，清选播种材料，施用腐熟的厩肥，铲除非耕地上的杂草等。在建立草地的初期就要注意控制杂草。一般在新建草地上进行适当的放牧，吃掉牧草的生长点而促进牧草分蘖分枝，向四周蔓延扩展而迅速覆盖地面；同时，也通过放牧，利用栽培牧草再生能力强的特点来抑制杂草的生长。对那些放牧不足杂草丛生的草地进行重牧或重刈，然后施以肥料能帮助栽培牧草重新在草地上占优势。施肥不足，栽培牧草长势变弱，耐瘠杂草乘虚而入，一个施肥水平良好、牧草生长旺盛的草地，杂草很难侵入。用除草剂防除杂草时也能伤害牧草，为使牧草少受伤害，除了正确选择除草剂和掌握适当的用量外，在草地上最好采用点式喷雾较为安全。杂草越少，喷药越少，效果越好。

六、苜蓿、禾草混播的利用方式

混播草地可以用来放牧，或刈割直接青喂，或刈割调制成干草，或青贮饲料。在苜蓿盛花期、无芒雀麦孕穗期刈割 2 次，草地稳定性最好；刈割 1 次有利于苜蓿生长，但降低无芒雀麦的比例；刈割 3 次则严重影响其生长发育；无芒雀麦在刈后 15 天内再生速度最快，不受刈割期的影响。苜蓿再生草快速增长期与刈割期有关，在盛花期和结荚期刈割，株高快速增长期与无芒雀麦同步，再生速度也相似；在孕蕾期和盛花末期刈割，株高快速增长期出现在刈割后 15～30 天。

第三节　苜蓿轮作

轮作是在同一块田地上有顺序地轮换种植不同作物的种植方式；换茬是在同一块田地上一种作物收获以后换种另一种作物；重茬是一种作物收获后接连种植同一种作物。轮作是农田用地和养地相结合、提高作物产量和改善农田生态环境的一项农业技术措施。在春秋战国时期，我国农耕制度中的轮作是伴随着土地连作制度的出现而逐渐形成的。传统的农耕制度中通常都是不同作物的连作或者轮作。将牧草种植引入到农作制度中，就出现了所谓的“草田轮作”。北魏贾思勰《齐民要术》中称绿肥轮作为“美田之法”，并且认为“其美与蚕矢(屎)、熟粪同”。当时的绿肥轮作已经较广泛地应用在粮田和菜田上，如实行绿豆、小豆、胡麻等绿肥作物与谷子的轮作复种。据此认为，魏晋南北朝时期，我国北方旱地农业中已经形成了比较成熟的绿肥轮作。

草田轮作具有提高土壤肥力、增加作物产量、减少病虫危害、保持水土以及提高单位面积土地经济收益等一系列优点。在欧洲、美国、澳大利亚等国家被广泛采用。新中国成立以来，草田轮作在曲折中发展，其重要性逐渐被广大群众所认识。“藏粮于草”，发展草地农业是我国农业发展的必由之路。

一、苜蓿轮作的必要性

(一)保障国家粮食安全的需要

在饲料用粮成为我国粮食生产主要压力的情况下，如果继续坚持传统的“粮—猪”农业，饲料用粮需求数量巨大，势必对中国的食物安全造成严重威胁。而建立草地农业系统，将人食与畜食分开，走节粮型、非粮型饲料道路是减小粮食生产压力、优化中国人口食物结构、确保粮食安全的一项有效措施。“藏粮于草”，发展草地农业是必由之路：一是扩大人工种草面积；二是加强农区草田轮作；三是推行空闲田种植饲料作物。因此，从国家粮食安全战略高度考虑，要树立草地农业思想，引草入田，大力推行草田轮作。

(二)调整农业产业结构的需要

发展节粮型畜牧业、变二元种植结构为三元种植结构是我国农业结构调整的长期战略任务。作物与家畜是农业系统的核心组分，优化农业结构应从两个方面展开：一是横向调整，调整种养比例，提高养殖业在农业中的份额；二是纵向调整，坚持以市场需求为导向，积极发展农产品加工业、流通业等，延伸农业产业链，形成农业生产的专业化分工协作体系。多元化的种植结构必然包括引草入田实行草田轮作。养殖家畜应以节粮型的草食动物牛、羊、兔为主，而不是传统的耗粮型的“猪”。发展人工饲草料生产、发展舍饲半舍饲养殖业，既是我国草原生态保护的迫切需求，也是我国西部广大地区发展高效畜牧业、促进地方经济发展的重要内容。因地制宜，大力推行草田轮作将是我国调整农业结构的长期任务。当然，我国几千年的农耕制度和农耕文明绝非一朝一夕就能发生大的转变。但是，无论如何，必须千方百计地转变传统的农耕制度和落后的农业观念，否则我国粮食安全问题无法保障、农业可持续发展无法实现。

(三)农牧民致富的迫切需要

草田轮作一方面恢复并维持农田肥力，对于提高作物单产稳产有重要作用；另一方面生产出来的牧草可以饲养家畜，使草产品转化为肉产品。同时，也大大提高了有限的土地资源利用效率，增加了农牧民收入。据调查，甘肃、陕西等省份，2003 年每 667 米^{2}苜蓿生产纯收入高于小麦、玉米 2 250 元左右；辽宁阜新地区农民种植苜蓿的效益为种玉米的 2 倍以上。

(四)保护生态环境的需要

我国草地面积约 4 亿公顷，占陆地面积的 41.7%，是农田面积的近 4 倍。我国天然草原是环绕东北、华北和西部最大的绿色屏障。草地退化加剧、草地牧业经营效益低下、牧区人文状况是目前我国草地资源经营中的重大问题。超载放牧一直是导致草地“三化”的主要原因。在过度依赖天然草地的经营体制下，饲草、饲料缺乏与超载放牧形成了一种恶性循环。饲草料缺乏一方面造成冬春季节家畜掉膘或者死亡，另一方面家畜主要依赖天然草地放牧加重了草地退化。如果在草原牧区适当发展人工草地，在农牧交错带以及农区实行草田轮作、引草入田，将是增加饲草、减缓草地放牧压力的有效途径。另外，草田轮作也是控制水土流失的需要，特别是坡耕地实行草田轮作，能有效地控制水土流失。

二、苜蓿轮作的经济效益与生态效益

(一)避免苜蓿重茬的"自毒作用"

紫花苜蓿重茬种植,会降低自身发芽率并影响新播种苜蓿生长,这种现象称为自毒作用,是化感作用的一种特殊形式。化感作用是指植物(包括微生物)之间相互抑制或促进的生物化学作用。通常情况下,化感作用是种间的生物化学相互作用,但当供体与受体属于同一种时,就成了种内的化感作用,称其自毒作用,又称自化感作用或自体中毒。种过苜蓿的土壤很难重茬种植。早期的研究发现,苜蓿在停种几季后方可再播种,当时并不理解是什么原因导致土壤对长期种植苜蓿产生的不利影响,至1981年才发现苜蓿对其自身具有自毒效应。随后,越来越多的学者认为苜蓿含有水溶性自毒物质,其影响程度随种植年限和密度的增加而增加,并受播种前残留量的影响。苜蓿植株产生的自毒性物质可溶于水,可减少根毛数量,导致根尖膨胀,损害幼苗根系生长(图6-3),限制苜蓿幼苗汲取水分和营养的能力,降低苜蓿植株对其他胁迫因素(盐碱、低温、高温、干旱)的抵抗能力。受自毒作用影响的植株,生长受阻,产量在接下来的年份中将持续降低。轮作是解决苜蓿自毒作用的一剂猛药,是管理新种植紫花苜蓿最好、最安全的方法。苜蓿地翻耕后,再次播种苜蓿,其间隔时间可以降低自毒效应(图6-4),但浪费土地。

(二)提高后茬作物的产量

将苜蓿引入草田轮作系统,苜蓿后茬作物产量通常都有明显提高,一般增加20%～30%,低产田可增加1倍以上的产量。山西运城地区,苜蓿后作的小麦增产66.9%、大麦增产17.4%～40.4%、棉花增产62%、谷子增产87.5%、玉米增产7.4%、高粱

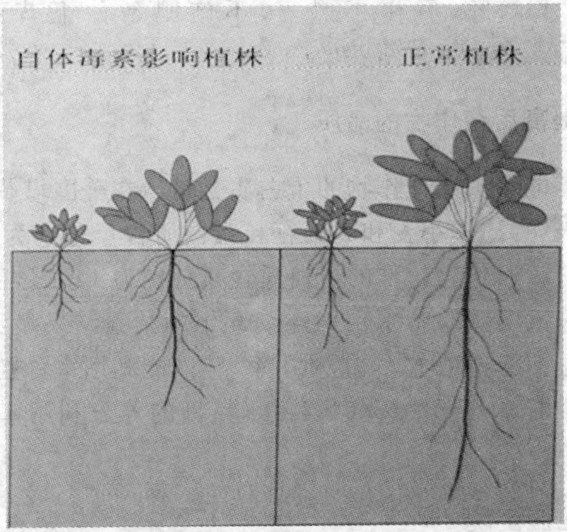

图 6-3 自毒作用对苜蓿植株根系生长的影响

图 6-4 翻耕间隔时间对苜蓿的影响

1. 苜蓿地翻耕后立即播种苜蓿(成苗率低) 2. 苜蓿地翻耕 4 周后,再播种苜蓿(成苗率中等,长势差) 3. 苜蓿地翻耕 1 年后再播种苜蓿(成苗率高,长势长)

增产 48.9%～67.3%、甘薯增产 1 倍。在内蒙古莫力达瓦达斡尔族自治旗进行的试验表明,苜蓿后茬种植的玉米产量比作物后茬平均提高 14.3%；后作小黑麦，不施肥条件下苜蓿茬增产 31.75%，施肥条件下苜蓿茬增产 87.9%，最小增产 3.76%。

（三）提高后茬作物的品质

苜蓿茬能增加后作作物的蛋白质含量。在美国堪萨斯州曼哈顿的试验表明，连作小麦和高粱籽粒蛋白质含量分别为 13.4%和 8.9%，而苜蓿—作物轮作的蛋白质含量分别为 14.2%和 10.8%。在江西农业大学试验站水稻田连续 5 年的试验结果显示，稻田轮作系统的总初级生产力、光能利用率、辅助能利用率分别比连作系统高 17.47%、9.87%和 5.0%，氮、磷、钾的养分利用率也明显高于连作系统。

（四）培肥土壤

大量试验证明，将苜蓿引入作物轮作系统可以有效地改良土壤，提高土壤肥力。甘肃庆阳地区轮作试验表明，种植苜蓿 3 年后又种 2 年冬小麦的土地，0～40 厘米土层的有机质和含氮量分别为 1.21%和 0.087%，而连种 3 年的小麦地 0～40 厘米土层有机质与含氮量分别为 1.03%和 0.07%，苜蓿茬比小麦茬土壤有机质和含氮量分别提高 17.5%和 22.5%。种植苜蓿能够大幅度提高土壤氮净矿化率，增加其后茬作物的速效氮供给。与农田后茬种植牧草相反，苜蓿草地轮作为农田以后，土壤全氮和有机质会迅速下降，土壤退化过程加速。

豆科牧草一方面直接固氮，另一方面其根系在土壤中会积累大量残体从而增加土壤有机质含量。新疆呼图壁县种牛场的测定结果显示，3 年龄苜蓿茬地积累干残体 30 735 千克/公顷，折合氮 465 千克/公顷、磷 94.7 千克/公顷、钾 1 477.5 千克/公顷，相当于 1.5×10^5 千克优质厩肥。在盐碱低产田轮种苜蓿，2 年后土壤 0～20 厘米含盐量由 0.22%～0.24%下降到 0.05%～0.06%；5

年后轮作小麦，产量比对照区增加1倍以上。在黄土高原水土流失严重的地区，在轮作种植沙打旺、苜蓿4年后，有机质含量提高1倍，氮含量增加2.7倍，同时还保持了水土。紫花苜蓿—玉米轮作系统，氮素利用效率最高。与连续种植玉米相比，轮作氮素利用效率可提高35%。苜蓿—小麦轮作系统，不同生长年限的土壤氮含量稳定，且有增加的趋势。0～5厘米土壤层全氮含量：3年龄苜蓿地为0.064%；6年龄苜蓿地为0.068%；8年龄以上苜蓿地为0.089%。作物相同时，不同的轮作安排会带来不同的效益。如四年轮作制（3年苜蓿—1年玉米）的收益相比七或八年轮作制（5年或6年苜蓿—3或2年玉米）的收益高，原因在于年限较短的苜蓿田比年限较长的苜蓿田产量高；4年1次的轮作制，8年中翻耕苜蓿2次，翻耕苜蓿后氮素积累量大于翻耕1次苜蓿的氮素积累量，氮素效应好。

（五）改善农田土壤物理特性

苜蓿可增加土壤水稳性团粒指数，种植4年期间，土壤水稳性团粒指数随种植年限延长而增加。如3年龄苜蓿地与棉花连作地相比，土壤水稳性团粒结构增加了6.5%。苜蓿地可降低土壤容重，增加土壤孔隙度。0～160厘米土层苜蓿地总孔隙度为50.75%，而农作物地为48.59%。

（六）草田轮作可以防止作物病虫草害

草田轮作是防止作物病虫草害的一项重要措施。合理的苜蓿与作物轮作可减少作物病、虫、草害。牧草与作物轮作打破了害虫和病害的生活周期和寄生关系，并有助于杂草控制和减少农药的使用。据报道，苜蓿茬可降低棉花黄萎病的发生；苜蓿茬使玉米免遭根寄生虫危害；苜蓿后茬种植向日葵，田间杂草数量明显减少。苜蓿—玉米轮作，玉米的根虫病问题得到缓解。另外，研究发现，长期单一种植苜蓿，会在土壤中出现很深的“干土层”，从而影响苜蓿产量。但在苜蓿与作物的轮作系统中，土壤水分状况会逐渐恢复。

三、苜蓿轮作模式

在甘肃陇东地区，常用的轮作方式是“苜蓿（6～8 年）→谷子或胡麻→冬小麦（3～4 年）”，或者“苜蓿（3～5 年）→玉米（套大豆）→冬小麦”；陇中地区为“苜蓿（5～8 年）→糜或稻→马铃薯或豌豆→小麦（3 年）”。陕西榆林和延安地区，春季和夏季将苜蓿与胡麻、荞麦混种；陕西关中地区，苜蓿后茬小麦可连续增产 3 年，增产幅度 30%～50%，提高小麦蛋白质含量 20%～30%。山西晋南、陕西关中，在秋季将苜蓿与冬小麦、油菜混种；山西西南地区，苜蓿田每年留在土壤中的根量为 6 750 千克/公顷，增加了土壤有机质，使后茬小麦增产 30%左右。内蒙古把苜蓿分别与荞麦、油菜、小麦、糜子、谷子混种，都取得了良好效果；在内蒙古乌拉盖地区无霜期仅 90～100 天的条件下进行苜蓿轮混作，轮作方式为“小麦（2 年）→苜蓿＋油菜→苜蓿→苜蓿→苜蓿→苜蓿→小麦→青莜麦”。河北省冀东地区的做法是种 4～5 年苜蓿，然后倒茬，即“苜蓿→谷子→玉米→棉花“或”苜蓿→谷子→小麦→玉米→棉花”。新疆生产建设兵团农一师四团一连地处天山南麓的山间小盆地，其轮作模式为“苜蓿→苜蓿→冬小麦→冬小麦＋绿肥→玉米→玉米→水稻＋基肥→春小麦＋苜蓿”。这种方式高秆和矮秆作物交替种植，连作最多 2 年，增加了水旱轮作。这样充分利用了土壤中的养分，增加了绿肥和基肥，达到了产量稳步上升、地力不断提高的目的。新疆生产建设兵团阿克苏农垦四团采取八年八区轮作制，轮作模式为“小麦＋苜蓿→苜蓿→苜蓿→玉米→玉米→玉米→水稻→小麦＋草木樨”。把苜蓿、草木樨引入农田，使土壤有机质和氮素含量分别增加 2 和 1 倍，小麦单产提高 1 倍多。在乌鲁木齐市五一农场进行了六区草田轮作试验，其模式为“苜蓿(2年)→冬小麦→冬小麦→绿肥→玉米→油料＋苜蓿”。其中，油料作物是油菜或者油葵。六区草田轮作中，苜蓿占地1/3，冬小麦面积占1/3，玉米和油料面积占1/3。经过一个轮作周期，小麦、玉米、油料的平均产量比对照农田分别增产37.74%、42.39%和29.10%，而且经济效益显著。

牧草与作物轮作已成为美国西部土地利用、培肥改良与可持续农业最基本的耕作制度。美国加利福尼亚州南部每年可刈割8～10茬，苜蓿种植的高产持续年限只有3～4年，而其他地区苜蓿每年可刈割3～7茬，从种植与劳动力成本的角度考虑，生产维持年限可适当增加1～2年。如Hayday Farms公司在Palo Verde河谷地，苜蓿每年刈割9茬，3～5年后轮作1年禾草(苏丹草)或轮作多年生禾草4～5年(光头黍)，之后重新种植苜蓿。威斯康星州属中西偏北部半湿润气候区，苜蓿每年可刈割3～4茬，高产持续年限只有3年，第三年时土壤氮含量也达最高(1.5克/千克)，第四年苜蓿草产量减产达20%，此后产量逐年快速降低。

为保证后茬作物高产和减少施肥、改良土壤生态环境、培育土壤的可持续生产力，可以采取以下做法。

灌区：苜蓿种植第3～4年，翻耕，轮作1～2年小麦、玉米或其他作物，或种植1～2年禾本科牧草。

旱作区：苜蓿种植4～5年，翻耕，轮作作物或禾本科牧草。

高效、生态的种养一体化体系中，苜蓿已成为奶牛、肉牛不可或缺的饲草，苜蓿草地镶嵌于作物田中，星罗棋布，处处都有，且不断地进行种植轮作。

苜蓿与作物轮作成为土地利用、培肥改良与可持续农业的基本耕作制度。

四、何时轮作苜蓿

种植者应根据自己的需求，对植株密度和产量进行评价，确定何时轮作苜蓿，还需确定轮作要求、耕作计划、所需牧草总面积及重播能力等因素。

植株密度对产量影响最大。苜蓿田在很大密度范围内，都有产生最大产量的惊人能力。新播种苜蓿在播种当年应保证每平方米中至少有 270～320 棵植株，因为群丛密度会逐渐稀疏，杂草会快速入侵。苜蓿生长至 10～15 厘米高度，测定植株数或割茬茎秆数，预测苜蓿田产量潜力。当植株割茬枝条密度低于 430 枝/米^2 或田间健康植株数低于 32～43 棵/米^2 时，翻耕苜蓿进行轮作（图 6-5、图 6-6）。

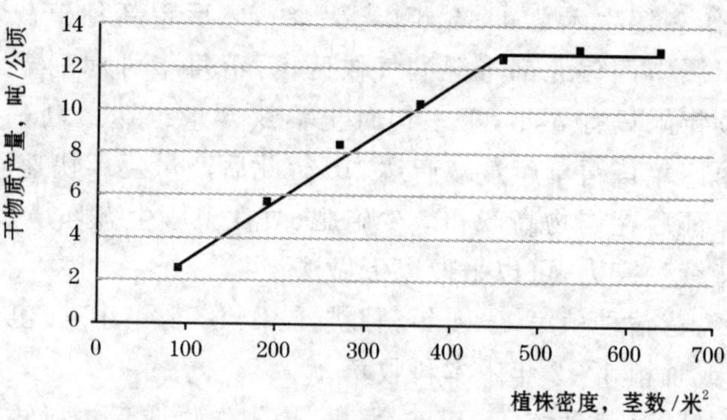

图 6-5　植株密度确定法

五、苜蓿轮作计划的编制

（一）轮作计划编制原则

轮作计划的合理编制对于一个生产单位的资源和土地利用、

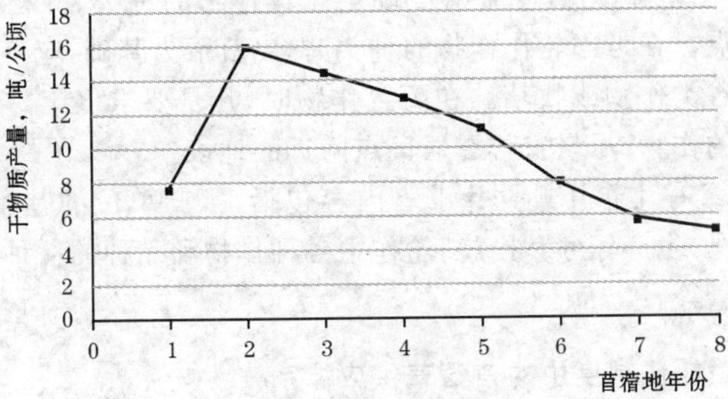

图 6-6　产量确定法

地力维持和发掘、生产稳定和高效有极其重要的作用。编制苜蓿轮作计划时，应遵循如下原则。

1. 保证完成生产任务　应依据生产任务，兼顾自然条件、生产条件和各类资源配置情况，合理安排各类作物的种植比例和产量指标，做到任务完成，略有盈余。

2. 保证地力可持续发展　合理安排轮作中各种作物的排列次序，以维持地力，并使地力有所发展。原则上使每种作物都有较好的前茬，并使前作为后作创造良好的肥力条件和耕作条件。

3. 保证苜蓿基地稳定　轮作中建立稳定的苜蓿草供应体系是编制轮作计划的重要项目。以粮养草，以草促粮，粮草并举具有重大作用。

(二)轮作计划编制方法和步骤

编制轮作计划既是技术工作，也是经济工作。具体编制步骤和方法如下。

1. 查询资料，收集素材，深入研究　正确选择轮作作物，合理利用各种资源，如水、电、土地、劳力、自然条件等。

2. 合理安排，科学布局　确定轮作作物的种类、种植比例和种植地点。在考虑轮作作物的种类时，以苜蓿为基础，应有相当比例的禾谷类作物或牧草。在配置作物时，凡是要求多工、多肥、运输量大的作物，尽量安排在居民点附近的地段。

3. 编写轮作计划设计书　内容包括：生产单位的基本情况，经营状况，生产任务和措施，轮作中各种作物和品种的播种面积与预计产量等。

（三）轮作制度中的苜蓿草供应体系

苜蓿轮作中，不管出于何种目的的轮作，均不同程度地安排有苜蓿草生产，其规模与苜蓿草产品种类和数量有关。需要在轮作制中建立一个合理而高效的苜蓿草供应体系。

1. 编制苜蓿草供需计划　苜蓿草产品为牲畜饲用，所以苜蓿草产品的供需计划应随着牲畜种类、性别、年龄和生产状态变化而变化（或市场）。

（1）需要计划　依据牲畜种类，性别，年龄，生产方式（泌乳、肥育、妊娠等）确定畜群类别及其在全年、各季、各月、各旬的周转状态和饲养量；根据各类畜群日粮的饲养标准和饲草定额，计算出各类苜蓿草产品在各旬、各月、各季乃至全年的需要量。

（2）供应计划　编制供应计划时，先确定现有的饲草料来源途径及能够提供的饲草料种类、数量及时期。估算出年度内苜蓿草生产量和养畜量及其栽培面积。

（3）供需平衡　编制供需计划和调整苜蓿草产品供需平衡时，首先应利用草田轮作技术，充分运用间、混、套作及复种技术，做到苜蓿草产品供需在全年和各时期的基本平衡。

2. 制订苜蓿种植方案　依据当地气候条件和栽培条件，结合轮作技术的要求和苜蓿草产品供需平衡，制订种植方案。

（1）因时、因地选择苜蓿品种　首先，能够适应当地的气候条件及栽培条件，最好在当地有栽培历史，新引进品种须在试验之后，依据种植情况再考虑是否选用；其次，能够在轮作中与其他作物搭配使用，既符合轮作技术要求，又能进行间、混、套作及复种；再者，能够满足家畜的采食特性和营养需要，在生产性能上既具有高产优质的特点，又具有易于加工贮藏的特点。

(2)合理布局，科学种植　首先，确定苜蓿种植面积和土地位置，使其充分发挥生产性能，这是建立稳定苜蓿基地的必要措施；然后，根据各类轮作作物的农艺性状，确定出各自的种植面积，通过启用零散闲地，调节播期和利用期，选用不同成熟期的品种，以及采用间、混、套作和复种技术，使布局更合理，利用更科学。

主要参考文献

[1] 储少林．基于GIS的中国紫花苜蓿综合气候区划研究．兰州:兰州大学,2008.

[2] 耿华珠．中国苜蓿．北京:中国农业出版社,1995.

[3] 蒋慧．紫花苜蓿与无芒雀麦混播草地产量、品质和降解率研究及其综合评价．石河子:石河子大学,2007.

[4] 易鹏．紫花苜蓿气候生态区划初步研究．北京:中国农业大学,2004.

[5] 张永亮．杂花苜蓿＋无芒雀麦混播群落种群生理生态和稳定性研究．兰州:甘肃农业大学,2005.

[6] 张宏宇．播种方式对苜蓿与无芒雀麦草地生理生态特性及生产性能的影响．通辽:内蒙古民族大学,2008.